高职高专规划教材

植物景观艺术设计

(环境艺术设计专业适用)

中国美术学院艺术设计职业技术学院

陈少亭　编著

中国建筑工业出版社

图书在版编目（CIP）数据

植物景观艺术设计/陈少亭编著．—北京：中国建筑工业出版社，2004
 高职高专规划教材．环境艺术设计专业适用
 ISBN 978-7-112-06641-4

Ⅰ．植... Ⅱ．陈... Ⅲ．园林植物—景观—园林设计—高等学校：技术学校—教材　Ⅳ．TU986.2

中国版本图书馆 CIP 数据核字（2004）第 125609 号

高职高专规划教材
植物景观艺术设计
（环境艺术设计专业适用）
中国美术学院艺术设计职业技术学院
陈少亭　编著

*

中国建筑工业出版社出版、发行（北京西郊百万庄）
各地新华书店、建筑书店经销
廊坊市海涛印刷有限公司印刷

*

开本：787×1092毫米　1/16　印张：4½　插页：8　字数：200千字
2005 年 2 月第一版　2017 年 8 月第六次印刷
定价：**18.00** 元
ISBN 978-7-112-06641-4
（12595）

版权所有　翻印必究
如有印装质量问题，可寄本社退换
（邮政编码 100037）

《植物景观艺术设计》为环境艺术设计专业的一门专业课程。全书共有十一章，即植物与城市生态环境；植物的形体、色彩与配置艺术；景观植物配置的艺术特点和手法；草坪景观与植物配置；水体景观与植物配置；山体景观与植物配置；园路与景观植物配置；建筑景观与植物配置；带状绿地的植物景观配置；广场景观与城市步行区的植物配置艺术；室内庭院的植物配置。

本书介绍城市园林风景区中园林绿地的植物景观艺术配置、设计实例和基本知识。以达到本专业毕业生知识面广，实践适应性强，有较强竞争力，逐步胜任环艺设计工作的多方面需要。因此本教材适用于高职高专环艺设计专业或城规、园林、建筑等专业的教学参考书，也可供科研、设计、管理人员参考。

* * *

责任编辑：朱首明　杨　虹
责任设计：孙　梅
责任校对：刘　梅　张　虹

前　言

环境的涵义十分广泛，包含政治、经济、文化、生态、景观意义等。

从建筑规划学领域来阐述，一般指城市景观环境，而城市景观环境一般也包括自然环境和人工环境。自然环境指自然界原有的山川、河流、地形、地貌、植物、动物等等，一切生物构成的地域空间。

在对待自然环境的哲学态度上，西方人以"改造、索取"为主，中国人则是以"和谐、天人合一"为原则，在索取的同时讲求奉献，提倡"前人栽树，后人乘凉"的传统美德。几千年的改朝换代和连年战乱，导致华北、西北地区的生态破坏和水土流失，沟壑纵横的黄土高原和大片沙漠。严重的快速生态破坏，是少数人只顾自己"先富起来"，不顾国家、民族、子孙后代的掠夺式开发的恶果，黄河断流了，长江变红了，秀丽的江南水乡河道发臭、湖泊淤塞，沙暴肆虐大地。但整个地球自然生态的破坏还是源于西方工业文明所造成的自然环境与人工环境的失调。西方一些国家早在19世纪末就提出了环境保护和"田园城市"的规划思想，一些先进国家也不断付诸实施并营建了许多既具有先进科学技术又有优美舒适环境的现代城市。我国几经周折后到20世纪90年代开始"反思"。当前人类对自然的开发已临近极限，今后应更多的对人工环境进行调整，使之回归自然，保持自然生态与人工环境之间的平衡、协调，为人类营造舒适、优美、安全、实用的生存环境。

在城市规划建设中，人们的认识从最初的建筑与景观的对立到近年的互相协调，这已是从逐步认识到改观的一大进步。现在对城市进行规划时，对景观建设相对比较重视并投入了大量的资金，开发商也以此作为"花园社区"、"生态别墅"的一大指标。

环境艺术是集文化、科学、艺术于一体的综合学科。21世纪我国实现建设文明大都市的目标，对环境建设提出了更高的要求。在城市、景观改造建设方面，环艺工作者在吸收并继承传统文化和古典园林有益部分的同时，在设计思想上注重对新理念和新工艺、新材料的运用，以及在植物景观艺术设计方面，注重对国内外成功经验的借鉴，有的放矢、因地制宜，做到古今结合、中西结合、科学艺术结合，为现代城市创造优美、舒适的生活环境作出了较大贡献。

目 录

前 言
第一章 植物与城市生态环境 ………… 1
　第一节 净化空气、净化水体、改善城市小气候和生活环境 ……………………………… 1
　第二节 丰富城市建筑的轮廓线、增加层次和色彩，美化城市环境 ……………… 2
　第三节 新兴城市绿色环境的指标及发展方向 …………… 3
第二章 植物的形体、色彩与配置艺术 …………………………… 4
　第一节 景观植物的分类和观赏价值 …………………………… 4
　第二节 环境因子对景观植物的影响与艺术配置的关系 …… 5
　第三节 景观植物的器官、形体结构与艺术配置的关系 …… 7
　第四节 景观植物的季相变化与景观设计的关系 …………… 10
第三章 景观植物配置的艺术特点和手法 …………………………… 12
第四章 草坪景观与植物配置 ………… 21
　第一节 草坪的空间划分 ………… 21
　第二节 草坪的主景 ……………… 25
　第三节 草坪的树丛组合 ………… 26
　第四节 草坪景观植物配置的色彩与季相变化 ………………… 29
　第五节 草坪的边缘和装饰 ……… 31
第五章 水体景观与植物配置 ………… 32
　第一节 水体景观与水边、水中植物 ……………………………… 32
　第二节 水体景观与植物配置实例
　　　　——湖、堤植物景观艺术赏析 …………………………… 32
　第三节 水体景观与植物配置实例
　　　　——池、岛的植物景观艺术赏析 ……………………… 34
　第四节 水边植物景观设计的艺术处理 ……………………… 36
第六章 山体景观与植物配置 ………… 38
第七章 园路与景观植物配置 ………… 40
　第一节 主路的植物配置 ………… 40
　第二节 径路的植物配置 ………… 41
　第三节 路旁局部及路口的植物配置 ……………………………… 47
第八章 建筑景观与植物配置 ………… 48
　第一节 植物配置对于建筑环境的作用 ……………………… 48
　第二节 建筑与植物配置的一些实例分析 ……………………… 51
　第三节 城市生态建筑与垂直绿化 ……………………………… 51
　第四节 篱植与建筑小环境 ……… 51
第九章 带状绿地的植物景观配置 …… 53
　第一节 道路（街道）绿化 ……… 53
　第二节 游憩林荫路、散步道、步行街 …………………………… 55
　第三节 环城道路绿带植物配置实例分析 ……………………… 56
　第四节 江、河、湖、海、沿岸带状绿地——滨水游憩林荫路的植物配置 …………………… 57
　第五节 滨水带状绿地实例分析 … 58
　第六节 公路、铁路、高速干道、

高架桥、立交桥的植物
配置……………………… 58
**第十章 广场景观与城市步行区的植
物配置艺术……………………** 61
第一节 城市历史文明与广场、街
市…………………………… 61
第二节 城市步行区（街市）植物
景观的艺术特点………… 61
第三节 现代城市广场景观设计和
艺术特点………………… 62
第四节 广场蔽阴树的设置与景
效………………………… 62
第五节 广场封闭性绿带的植物配
置………………………… 63
第十一章 室内庭院的植物配置……… 64
后　　记…………………………………… 65
参考文献…………………………………… 67

第一章　植物与城市生态环境

植物是地球生物圈的主要环节，是人类赖以生存的生态环境的基础部分，为人类提供生命活动的能量和氧气，这个循环不息的生命之链维持了地球的平衡和正常运行，这个生物圈的任何一个环节受到干扰与破坏都要影响人类生存环境的平衡与协调，给人类带来灾难。

随着工业化的发展，人口的高度集中和工业污染、城市生态环境日趋恶化，对人们的生产和生活造成的危害，已为多数人共识，人们对钢筋水泥的森林已不再满足，开始审视自身与自然环境之间的关系。人们通过科学实践，对景观植物在调节城市生态、净化环境，满足人们视觉感官和生理感受等多方面的综合效应已有较充分的认识，为今后城市规划、建设提供了多科学与艺术的依据，主要表现在以下几方面。

第一节　净化空气、净化水体、改善城市小气候和生活环境

一、吸收二氧化碳、放出氧气

城市中的景观植物是保持城市洁净空气和水体的有力卫士。这些都因植物自身的生命活动——光合作用能吸收二氧化碳，放出氧气，大气中正常情况下二氧化碳含量为0.03%左右，在城市、工厂、街市等人口密集区可高达0.05%~0.07%，当二氧化碳高于0.05%时，人的呼吸就会感到不适；当二氧化碳高达0.2%时，人就会头昏心悸、血压升高；高达10%时，即丧失意识，停止呼吸，直至死亡。大气中含氧量通常为21%，降至10%时，人即恶心呕吐。植物通过光合作用，吸收二氧化碳，放出氧气，地球上60%的氧气来自植物，每1ha园林绿地每天能吸收900kg二氧化碳，产生600kg氧气。每1ha阔叶林生长季节每天可吸收二氧化碳1000kg，产生750kg氧气，可供1000人呼吸。

二、吸收有害气体

植物能吸收空气中的有害气体如二氧化硫、氯、氟化氢、氨、铅、汞蒸气。如每1ha柳杉林每天能吸收二氧化硫60kg，臭椿、夹竹桃、龙柏、银杏、女贞、构树、喜树、梓树等都有极强的吸收有害气体的能力。

三、植物吸滞烟灰和粉尘

燃烧1t煤产生11kg粉尘，许多工业城市每年每1km²降尘量平均500t左右，高时达1000t以上，粉尘同呼吸道疾病有直接关系。1952年伦敦因燃煤产生的粉尘，造成4000多人死亡。

植物的叶面积远大于树冠占地面积，一般树叶面积为树冠占地面积的六七十倍，草坪的二三十倍。它们对灰尘有明显的阻挡、吸附、过滤作用，绿地中空气含尘量比街道少1/3~2/3，绿化区比未绿化区飘尘少10%~50%，树木的滞尘能力与树冠的高度、叶片总面积、叶片大小、叶面粗糙度、着生角度都有关系，刺楸、榆树、朴树、重阳木、刺槐、臭椿、悬铃木、女贞、泡桐等防尘能力较强。工业区、生活区之间营造卫生防护林，扩大绿地面积，种植草坪是减少粉尘的有效措施。

四、减少空气中的含菌量

城市中人口密集,空气中悬浮着大量的细菌。绿地上空灰尘少,减少了吸附其上的细菌,且许多植物能分泌一种杀菌素,如柠檬桉、桧柏、白皮松、柳杉、雪松、马尾松、侧柏、香樟等,所以绿地对空气中的含菌量有极大的抑制作用。有关方面测定南京市不同地段,每 $1m^3$ 空气中含菌量为:

　　某火车站 49700 个　　人多绿化差
　　新街口 24480 个　　　人多绿化好
　　玄武湖公园 6980 个　　人多绿化好
　　植物园 1046 个　　　　人少　树木茂盛

据法国测定,百货商店每 $1m^3$ 空气中含菌量为 400 万个,林荫道为 58 万个,公园内为 1000 个,而林区内只有 55 个。

五、净化水体和土壤

据许多国外研究资料记载,树木可吸收水中溶解质和细菌,通过 30~40m 宽林带后,1L 水中含菌量比不经过林带的减少 1/2。许多水生植物和沼生、湿生植物,对净化污水有明显的作用,如芦苇能吸收水中酚及 20 多种化合物。每 $1m^2$ 土地上生长的芦苇一年可积聚 6kg 的污染物,并消除水中的大肠杆菌。种芦苇的水中,悬浮物减少 30%,氯化物减少 90%,有机氮减少 60%,磷酸盐减少 20%,氨减少 66%,总硬度减少 33%。又如水葫芦能从污水中吸取银、金、汞、铅等金属物质,并降低镉、酚、铬等有机化合物的功能。

有植物根系分布的土壤,能大量吸收土壤中的有害物质,迅速分解土壤的有机物,有的根系分泌物能杀死大肠杆菌。一切裸露土地经绿化后,不仅可以改善地上的卫生环境,而且还能改善地下的土壤卫生。

六、改善城市小气候

由于植物叶面的蒸腾作用,能降低气温,调节湿度,树冠能吸收遮挡 50%~90% 太阳辐射热,对改善城市小气候有积极作用。当炎夏时城市平均气温为 27℃,草坪表面温度为 22~24.5℃,比裸露地面低 6~7℃,比柏油马路表面低 8~20.5℃,在冬季铺有草坪的足球场比裸露的足球场表面温度高 4℃,夏季树荫下与阳光直射的辐射温度可相差 30~40℃ 之多。

人们对空气的相对湿度也很敏感,过高时易使人厌倦、疲乏,过低则感到干燥、烦躁,一般最合适的相对湿度是 30%~60%。景观植物由于叶片的蒸发面大,故能大量蒸发水分,占根部吸进水分的 99.8%,每 1ha 油松每日蒸腾量为 43.6t,每 1ha 加拿大白杨每日蒸腾量为 57.2t,它们不断向空中输送水蒸气,所以绿地比非绿化区相对湿度高 10%~20%,夏天绿地舒适、凉爽的气候环境与植物调节湿度的作用是分不开的。

夏天时,利用城区建筑群上空高温空气与郊区绿地上空的凉爽空气之间的温度差,造成空气区域性的微风与气体环流,使之新鲜凉风向城市建筑区不断流动,调节了城市小气候。冬天时,森林绿地能遮挡部分寒风,所以利用大片绿地通风、防风,调节城市小气候,改善环境是有积极作用的。

另外植物还有隔声、降低城市噪声、防火、防地震、防辐射等多种防护功能。

第二节　丰富城市建筑的轮廓线、增加层次和色彩、美化城市环境

城市绿地系统的规划布局与城市的轮廓线有极大关系,尤其是滨海、沿江一带城市进出口、交通要道、广场等地,是人们游赏城市景观必经之地。如我国青岛海滨、上海外滩和国外的日内瓦湖、塞纳河沿岸等,其绿地景观大大丰富了城市建筑

的轮廓线和色彩层次，杭州的东河虽然宽只30m，由于沿河两岸绿地植物的形体色彩恰到好处，对两岸的建筑群起到了很好的衬托和丰富层次的作用，给建筑增添了生动活泼的画面效果。红瓦黄墙的青岛市建筑群在绿树丛中隐现，与蓝天、白云、青山、大海互相映衬，形成了该市特有的城市景观。

绿树成荫、美丽整洁的街道，丰富多姿的街旁绿地、小广场都是人们喜欢逗留的游憩空间，是现代城市美化市容，提高城市形象的有力武器。

第三节　新兴城市绿色环境的指标及发展方向

所谓城市绿色环境的指标，是城市人口平均绿地，即每人占有绿地面积拥有量和城市绿化覆盖率，它们是衡量城市环境水平的科学依据。影响城市绿色指标的因素有国民经济水平、城市性质、城市规模、城市原有自然条件和人们有关的认识，在我国由于历史及认识的原因导致城市绿地面积普遍较少，从20世纪70年代统计，150个城市的现状指标，城市公共绿地面积每居民平均占有量为$4m^2$，绿化覆盖率全国城市总平均只有11%，进入20世纪80～90年代已有所改观。国外除亚洲一些城市指标较低外，欧美城市大多数都较高，从每人十几平方米到$40m^2$，华沙、堪培拉超过$70m^2$，欧美新城的规划公共绿地面积指标较高，如英国新城为$42m^2$/每人，法国为$23m^2$/每人，美国新城绿地面积占市区面积的1/5～1/3，每人平均28～$36m^2$，联合国要求每个城市居民所拥有绿地面积，仅市区每人就应有$60m^2$左右。

根据环境科学研究指出，由于工业和城市人口的集中，从卫生、环保、防震、防灾等的要求，城市绿化覆盖面积应大于市区面积30%以上才能起到改良气候的作用。疗养地绿化覆盖面积则应在50%以上才能创造良好的休养环境。

第二章　植物的形体、色彩与配置艺术

第一节　景观植物的分类和观赏价值

景观植物系指在城市、乡村、自然风景区、交通、绿地等作为造景需要，能形成一定景观效果和观赏价值的植物，以前多指园林植物，以此和其他粮食、油料、药材等经济作物有所区别。它们的分类方法和生物学科亦有差别，完全从观赏和造景设计的实用要求进行粗略的分类，以方便记忆和规划、种植设计。景观植物常以外形分为乔木、灌木、藤本、竹、花卉和草地等六类。

一、乔木

具有形体高大、主干明显、分枝点高、寿命长等特点，依其体形高矮常有大乔木（20m 以上）、中乔木（8～20m）和小乔木（8m 以下）之分。从一年四季叶片脱落状况又分为常绿乔木和落叶乔木两类：叶形宽大者称阔叶乔木；叶片细小如针者称针叶乔木。如一年四季不落叶的称为常绿阔叶乔木、常绿针叶乔木；落叶的称落叶阔叶乔木和落叶针叶乔木。落叶阔叶大乔木如银杏；常绿阔叶大乔木如香樟；常绿针叶乔木如黑松、雪松；落叶针叶乔木如落羽松、金钱松。

乔木是绿地景观中的骨干植物，它对景观布局、效果起主导作用，特别是常绿大乔木作用更大。有的乔木在造景时主要以观赏花色为主，如白玉兰、二乔、樱花等观花乔木，常为构成特定空间景观的主景植物。

二、灌木

没有明显主干、多呈丛生状态或自基部分枝，高 2m 者称大灌木，1～2m 为中灌木，不足 1m 者为小灌木，灌木也有常绿和落叶之分。植物配置主要作下木、植篱和基础种植，常绿低矮小灌木有时大片作地被种植，开花灌木简称花灌木，用途最广，常用于重点美化景区。有的灌木常以艳丽的叶色、低矮、耐修剪的生长习性作为现代城市景观、绿地中色块、花坛图案的基础色调植物，如金叶女贞、红花檵木、红叶小檗、金叶花柏、金边大叶黄杨、银边大叶黄杨等。

乔木和灌木有时也没有绝对的界限，在人为条件下可互相转换使用，乔木经矮化修剪后作灌木使用的也为数不少。如女贞原为常绿阔叶中乔木，经修剪常用作绿篱，罗木亦为常绿大乔木，但多数情况下多作低矮绿篱和球形植物使用，紫薇亦为观花乔木，但在公园绿地中常作为矮化灌木丛植。

三、藤本

凡植物不能自立，必须依靠特殊器官（吸盘、卷须）或靠蔓延作用而依附于其他物体和植物体上的，称为藤本，或称攀缘植物，如紫藤、凌霄、地锦等。藤本亦有落叶和常绿木本及草本之分，如常春藤、络石、木香为常绿藤本植物，它们多用于垂直绿化、花架、篱栅、岩石、墙壁上面的攀附物。

四、竹类

竹类属于禾本科常绿乔木或灌木，干木质圆浑，中空有节，皮翠绿色，极少有呈方形、实心和其他颜色和形状的（如方竹、紫竹、金竹、罗汉竹等），花不常见，一旦开花，花后全株死亡。竹类体形优美，叶片潇洒，有很高的观赏价值，在植物配置方面用途颇广，详见园路"竹径"篇章。

五、花卉

花卉是指花色艳丽、花香馥郁、姿态优美，具有观赏价值的草本和木本植物，就花卉一类而言多数是指草本植物。根据生长期长短及根部的形态和对生态条件的要求，可分为：一年生花卉、二年生花卉、多年生花卉（宿根花卉）、球根花卉和水生花卉五类。

1. 一年生花卉

指春天播种当年开花，如鸡冠花、凤仙花、波斯菊、万寿菊、矮牵牛、一串红等。

2. 二年生花卉

指秋天播种第二年春天开花的，主要是冬天能露地过冬、增加绿地色彩，如羽衣甘蓝、金盏菊、观叶甜菜等。

以上草本花卉都是一生中开花一次，然后结实枯死，它们品种繁多、花色艳丽，生长开花整齐，特别近年引进许多新品种和先进的栽培繁殖技术，形成了花卉工厂化专业化的大公司，为景观植物配置的"色彩"要素，提供了充分的资源。

3. 多年生花卉

凡草本花卉，一次栽植，多年生存，多年开花，或称宿根花卉。如玉簪、芍药、萱草、鸢尾、菊花、阔叶麦冬、瞿麦、火炬花等。

多年生花卉寿命长，适应性强，包括很多耐旱、耐阴、耐湿的种类。在林下、溪边、石隙、水际、墙角、草坪边缘丛植或成片种植尤为适宜。

4. 球根花卉

指多年生草本花卉的地下部分，茎或根肥大成球状、块状、鳞片状的一类花卉，如大理花、唐菖蒲、百合花、晚香玉均属此类。多数花形较大、花色艳丽，作花坛、花境配置和切花用都很适宜。

5. 水生花卉

草本植物生于水中或挺水或漂浮，多属水生植物，如荷花、菖蒲、睡莲、王莲、千屈菜、浮萍等。

6. 草皮植物

指园林绿地中种植低矮草本植物供人观赏，或作体育活动的规则式草皮和为游人提供露天活动休息的大面积略带起伏的自然式草皮，俗称草坪。草坪植物品种不多，有落叶和常绿两类，如狗牙根、马尼拉草、假俭草、结缕草、野牛草、羊胡子草、旱地早熟禾、高羊茅、马蹄金、匍匐剪股颖、多年生黑麦草等。

7. 地被植物

凡绿地中覆盖空旷场地、林下、山坡、水边和花坛、树池等处的多年生草本（包括草皮和部分换季花卉），或低矮、丛生、紧密的灌木，它们多数终年常绿，叶色、花色艳丽，能组成大片醒目的色块，成为城市植物景观的主要组成部分，具有极强的观赏性和生态实用功能，统称为地被植物。

第二节 环境因子对景观植物的影响与艺术配置的关系

景观植物是活的有机体，在生长发育和分布过程中除受内在因素的不断作用外，还受外界环境因子的综合影响。比较明显的有温度、阳光、水分、土壤、空气和一些人为的影响，它们会直接地影响艺术配置。

一、温度

植物在长期历史进化中，为了生存和发展，积累了适应环境的能力。我国从南至北由于地球纬度推移引起的气温变化，产生了热带植物、亚热带植物、温带植物和寒带植物的水平分布带，也由于地形由低向高的垂直分布，产生了不同类型的气候带植物，它们在不同的生态环境下，表现出不同的适应性和生长习性。江浙地区，尤其是杭州，地处亚热带北缘，四季分明，多数常绿阔叶树能生长良好。华北、东北及西北广大地区因冬季太寒冷，且寒冷期太长则多数不能露地过冬（如香樟、广玉兰），同样一些落叶花灌木由于形成花芽时需要几个月低温休眠期（如桃、李、梅），到华南热带地区就很少开花，又如慈孝竹在杭州还能露地过冬，在长江以北就很难生长。

二、阳光

阳光是所有植物的生存因子，但有的植物喜光不耐阴，所以叫阳性植物。这类植物大多数为上层大乔木（如松树、悬铃木、银杏、枫香、黄莲木、刺槐等），它们只能种在向阳开阔的地带。而耐阴植物（如杜英、八角金盘、枇杷、南天竺、杜鹃等）可种在背阴地带及林下，大部分地被植物属耐阴植物（如吉祥草、玉簪、阔叶麦冬、紫金牛等），但大多数植物为中性，对阳光需要有一定的宽容度。

三、水分

植物的一切生化活动都或多或少有水分参与，生长发育离不开水，但植物对水分变化的适应能力各不相同，可分为四类：

1. 旱生植物

生长环境只需少量水即能生长，甚至在土壤和空气长期干燥中都能保持生存状态，称为旱生植物。一般旱生树木，干矮小，树冠稀疏，根系发达，吸收能力强，叶片小而厚，甚至退化成针状，表皮角质层厚或遍生绒毛，如仙人掌、黑桦、胡枝子、绢毛绣线菊等。园林绿地常用旱生植物比较多，如黑松、油松、马尾松、白皮松、桧柏、侧柏、刺柏、匍地柏、毛白杨、白榆、枫香、落叶松、金线松、白蜡、黄莲木、枣树、栗树、栾树、刺槐、紫薇、木麻黄、旱柳等。

2. 湿生植物

这类植物与旱生相对，它们在生长发育过程中需要较充足的水分，根系不发达，抗旱能力较差，但耐水湿，能长期生长在港湾、湿地、水体边缘或潮湿隐蔽的森林里，或地下水位很高的地段。少数能长期在浅水中生长。园林中常见的如水杉、池杉、落羽松、大叶柳、垂柳、杞柳、银柳、枫杨、重阳木、梓树、臭椿、榔榆、紫穗槐、木芙蓉、秋海棠、鸢尾、观音坐莲、海芋、香蒲、灯心竹、虎耳竹、毛茛、落新妇、水仙等。

3. 中生植物

大部分陆生植物都属于这一类，对水分的要求适应性很强，能在很干旱的年份和地区生存，只要一旦满足暂时对水分的要求就能很好地生长发育，繁殖发展。有的植物既能在干旱的环境下生长，也能在湿地和浅水中生长，如旱柳、杞柳、芦苇。大部分植物在水淹或退水后能继续生长发育，但少数植物一经水淹后即死亡，如桃、李、梅、雪松等，在经常淹水的地方切忌配植桃、李、梅之类。

4. 水生植物

植物一部分或全部必须在静水或流水中才能生长发育，为水生植物，如荷花、王莲、睡莲、菖蒲、慈菇、芡实、蒲草（蒲黄花）、芦苇、浮萍、菱、千屈菜等。

四、土壤

土壤是多数植物的生存基础，植物从中吸收水分、氮和其他矿物质营养元素，以保证生长发育的需要。不同的土壤厚度，物理性结构和酸碱度等，在一定程度上会影响植物的生长发育和其类型的分布区域。酸性土壤容易引起植物缺磷、钙、镁，碱性土壤容易引起植物缺铁、锰、硼、锌等。土壤酸碱度还会直接影响种子萌发，苗木生长和土壤微生物的活动,影响土壤中有机物转化等。

我国土壤酸碱度分五级,pH值小于5.0为强酸性土;pH值在5.0~6.5之间为酸性土;pH值在6.5~7.5之间为中性土;pH值在7.5~8.5之间为碱性土;pH值大于8.5以上为强碱性土。

我国气候、地形、地质复杂,也直接影响土壤类型的形成和分布。华南、华中气候属热带、亚热带多雨水地区,酸性土壤也多,江西、福建的红黄土壤,即为典型的酸性土,华北平原多为中性及碱性土,江浙一带平原、城镇多为良好肥沃的中性土,少部分山坡、丘陵地为物理性状良好而肥沃的酸性及微酸性土,仅沿海少量新围垦地为南方盐碱土。

以植物对气候、土壤条件的要求,江浙和长江流域为景观植物最理想的生长区域。以植物对土壤酸碱度的要求,我们通常把景观植物分为以下三类,以便于植配设计和养护管理。

1. 酸性土植物

在土壤pH值6.5以下酸性土中生长最好的植物为酸性土植物,如杜鹃花科、山茶科、樟科、柑橘类、兰科、瑞香科等大多数植物及桂花、马尾松、黑松、金钱松、柳杉、柏木、杜英、木荷、花楸、栀枝花、茉莉花、龙胆类、报春花、白兰花、金丝桃及毛竹等。这些植物对pH值超过7.5以上的土壤比较敏感,在植物配置设计养护管理与土壤关系方面应特别关注。如桂花在中性土壤中生长良好,但开花较差,而在酸性土上,生长、开花都很旺盛,上述土壤中的桂花,每年在根部换施酸性红黄土,就能开花良好。

2. 碱性土植物

在土壤pH值为7.5以上的碱性土中生长良好的植物,称为碱性植物,这类植物耐盐碱,但当pH值为8.5以上时植物就很难生存了。常见的碱性植物如柽柳、杞柳、沙枣、沙棘、苦楝、木麻黄、黑沙篙、蔓荆子、地肤子、榆、椿、槐、杜梨、美国白蜡、胡杨、白蜡、葡萄、芦苇、侧柏、枣树、碱蓬、甘草、紫穗槐、向日葵、棉花、补血草、合欢、枸杞、红花萝、骆驼刺、白刺、泡桐等等,它们都是碱地绿化的先锋植物材料。

3. 中性土植物

在土壤pH值6.5~7.5之间生长最佳的植物均属此类。植物界绝大多数都是中性的,它们对土壤适应性也较广,中性植物适应微酸性和酸性土壤较多,这跟当地气候、雨水多有一定的关系。而北方碱地(因多数伴生一定的含盐量,俗称盐碱土)由于气候、雨水等原因,植物种类要少得多。

另外,影响景观植物生长发育的因素除以上自然条件外,还有一些间接或直接的人为因素,如工厂排放的有毒气体,当二氧化硫在空气中含量达百万分之一时,针叶树受损,达百万分之十时,阔叶树叶片脱落,达百万分之四百时,人就会死亡。人为地过分砍伐,会使森林破坏,引起一系列生态环境的破坏,使自然景观失去妩媚的姿容。营造防护林,引水灌溉沙漠,可创造新的植物群落,人类的放牧,昆虫的授粉,动物对种子的传播,对植物的生长发育和分布都有重要的作用,经过精心规划设计的城市景观植物空间,比自然更具有实用功能。

第三节 景观植物的器官、形体结构与艺术配置的关系

植物是由营养器官的根、干、枝、叶和繁殖器官的花果(种子)组成,这些不同器官的局部或整体,常有典型的形态、色彩、风韵之美,而且随着年龄、季节、

风霜雨雪的变化，不断地丰富和发展，组成了多姿多彩的艺术景观。因此，充分利用植物的花形、叶貌、色彩、芳香、枝梢、根干等形象，结合生态习性，合理配置，对产生特定环境的景观艺术效果十分重要。

一、根

一般植物根系常固定在土壤中，支撑植物地上形体部分，吸收水分和无机营养成分，以供植物生命活动，无多大观赏价值，但有些植物的根由于特殊的生态环境和自身特殊机能需要，在千百年的生命活动和自然选择中勾画出具有特殊审美价值的根系景观。如黄山龙爪松强劲蟠曲，扶摇乱石的根系结构奏出了响彻云霄的生命之歌；殴江边的古榕树由于树身上布满了盘根错节、凌空垂幕的气生根，产生了异常奇特的景象，给人以壮美新奇的感受。在树桩盆景制作中由于矮化修剪和提根露根栽种，小小的山柴、野藤却能小中见大，带给人以百年沧桑的联想。在景观设计时要善于保护并充分发挥应用这些景观因子。

二、树干

树干的基本机能是支持树木的树冠，并负担着养分的输送和贮藏的作用。

树干的观赏价值与其姿态、色彩、高度、质感和经济价值有密切关系。银杏、香樟、银桦、沙朴、悬铃木、鹅掌楸树干通直、气势轩昂，整齐壮观且叶形叶色美丽，均为优良行道树种。白皮松青针白干；椰榆树皮青、橙、黄绿自由镶嵌；白桦树挺直的白色树干嵌上黑色眼状皮孔，对比强烈；紫薇细腻光滑，藤萝蜿蜒扭曲，千姿百态；紫色干皮的紫竹；"一经万千绿参天"的毛竹；金镶白玉嵌的琴丝竹；奇特的方竹、佛肚竹、龙鳞竹；红色干皮的白瑞木都有较高的观赏价值。碧绿、挺直、光滑、洁净的梧桐在古代就有"洗桐"和"凤凰栖梧"的美丽传说。那千年古樟、古银杏、古柏的历尽沧桑，天地犹存的树身，更是景观设计中不可多得的瑰宝。

三、树枝

树枝的基本功能是支持植物的叶片，使其都能分布在合适的位置，以获得必要的阳光同时也负担着运输养分和贮藏养分的作用，枝条上能产生不定根者，还具有繁殖的机能。

树枝是构成树冠的"骨骼"，它的生长状况、枝条长短、粗细疏密、分枝角度的大小，直接影响树冠的形状和树姿的优美与否。馒头柳枝条短细、分枝角度小，树冠紧密圆浑。而垂柳则相反，枝条细长（可达1~3m），柔韧，分枝角度可大于90°，长枝下垂，轻盈婀娜，飘拂水面，摇曳生情，如云舒浪卷，西湖"柳浪闻莺"以垂柳作为主景植物是很切题的。分枝角度小的树冠紧密、挺拔高耸，如参天杨。作为常绿树，分枝角度小的桂花（30°~50°）易受雪害，而分枝角度大的雪松（90°以上）分枝处能承较大的压力，不易撕裂折断，能抗雪害。很多高山常绿针叶树，如华东黄杉、云杉、冷杉等多有这一特性，侧枝平展，树冠开展呈塔形，优美、雄壮，且耐寒抗雪，这是自然选择的结果（见彩图峨嵋云杉、植物园黄杉、雪松）。

各种落叶乔木进入冬季后，树枝树冠的线条和形体结构是组成天际线与自然山林和城市绿地冬景的基础。在蓝天白雪光影映衬下清晰可人，在冬雾、霜凌中隐现迷离，染成了空濛淡雅的水墨画（见彩图苏堤玉泉冬雪）。

四、叶

叶是绿色高等植物的重要器官，它担负着交换气体，光合作用、蒸腾作用、制造和贮藏养分，并担负营养繁殖器官的功能。植物叶子的形状十分复杂，对观赏和分类识别有一定的价值，归纳起来有下列几类（图 2-3-1）：

图 2-3-1　叶的形状（一）
1—卵圆形；2—倒卵形；3—圆形；
4—披针形；5—倒披针形；6—线形

叶缘没有凹陷的称全缘，边缘凹凸不齐的称锯齿式叶缘，如月季、榆树。另有浅裂（叶缘缺刻仅达叶片宽度 1/4）、深裂（叶缘缺刻宽度超过 1/4）和全裂（叶缘缺刻几乎达到中脉或叶柄）（图 2-3-2）。

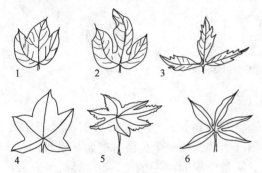

图 2-3-2　叶的形状（二）
1—三出浅裂；2—三出深裂；3—三出全裂；
4—掌状浅裂；5—掌状深裂；6—掌状全裂

再根据叶片在叶柄上着生的多少有单叶和复叶之分，一个叶柄上只有一片叶的称单叶，有两片叶以上的称复叶。三出复叶如胡枝子等，掌状复叶如七叶树，偶数羽状复叶如无患子、黄莲木，奇数羽状复叶如月季、槐树等（图 2-3-3）。

叶子的观赏价值主要在叶形和叶色上，一般情况下叶不易引人注意，但有奇特形状和特大者亦会引人注目，如马褂木（鹅掌楸）、银杏、棕榈、蒲葵、龟背竹、八角金盘、王莲、苏铁等。若用奇特的大叶与普通小叶一起搭配亦会产生一定变化的美感。

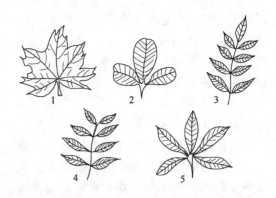

图 2-3-3　叶的形状（三）
1—单叶；2—三出复叶；3—奇数羽状复叶；
4—偶数羽状复叶；5—掌状复叶

叶色在春夏之际，粗看都为绿色，细看却有分别，常绿针叶树为蓝绿色（如雪松），常绿阔叶树和落叶阔叶树绿色度差异较大，广玉兰、女贞、桂花等为深绿或墨绿，而多数落叶树为浅绿，甚至淡黄绿色，如杨柳、水杉、无患子、枫杨等。同一种树由于个体差异，叶子的绿色度也有深浅之分，如香樟。到了秋天随着天气的逐渐变冷，落叶树的叶色变成不同色度的红、橙、紫、黄。万山红遍，气象万千，古人云"霜叶红于二月花"是秋色景观的最好写照。

五、花

花为植物的有性繁殖器官，形式种类繁多，其姿容、色彩和芳香，对人的精神、情绪有很大影响。梅花冰肌铁骨，姿、色、香三味兼有，"傲雪开放"，"一树独先天下春"，"疏影横斜水清浅，暗香浮动月黄昏"是对梅花神韵的写照，为历来文人墨客歌颂、描绘的主要题材。玉兰一树千花婷婷玉立，早春开放，满山皆白，令人神畅。荷花高洁丽质，出污泥而不染，清香意远。其他如牡丹，春酣怒放，花大色艳，俗称富贵花；仲夏石榴红似火；金秋桂子飘香；隆冬山茶吐艳，腊梅花香蕊人。

景观设计在使用植物材料时主要是通过景观植物本身的形体、色彩线条及其结构、配置变化营造具有一定意境、形式和时空变幻的艺术空间,给人带来美的享受。在特定的时间环境里,花色、花形、花香造成花海的氛围,给人的感受最深,这是植物配置艺术关键之一。

六、果实

果实和种子是植物的繁殖器官,它在国民经济和人类生活中起重要作用。在硕果累累、色彩鲜艳、果香诱人的夏末至秋冬的少花季节里,果实具有很好的和观赏价值独特地位,荚蒾类、花楸类、石楠类、红果冬青类、南天竺、火棘、山楂、海棠、石榴、宣木瓜及柑橘类的香橼、佛手、金橘等,这些观果植物大部分为常绿乔灌木,具有一定的花色、花香,在山坡、林缘、溪边、路缘或庭园假山,配植适当都能达到预期的观赏效果及大场面的景观效用。

七、树冠

树冠是由枝、叶、花果组成,树冠的形状是主要的观赏特性,乔木的树冠形状在风景艺术构图中具有重要意义,不论广场、街道、建筑、山体、水面,与不同形状的乔木相配,都会产生不同的艺术效果。景观设计、植物的艺术配置,必须考虑到树冠的形状。一般可概括为:尖塔形(雪松、南洋杉)、圆锥形(云杉、水杉、落羽松)、圆柱形(龙柏、铅笔柏、参天杨)、伞形(合欢、枫杨、鸡爪槭)、圆球形(七叶树、樱花、紫叶李)、椭圆形(馒头柳)、垂枝形(垂柳、龙爪槐、照水梅)、匍匐形(匍地柏)等(图2-3-4)。

图2-3-4 树冠形状

树冠天然形状在自然界也不是一成不变的,一般情况会随树龄的增长而变化其体积和形态。同种、同龄的树木也因立地环境条件不同或因自然灾害和人为干预(如修剪整形)而不同,密林中树冠瘦长、疏林等开阔处树冠浑圆壮实,林缘树冠偏向一边。海岛和山口多风处的树冠不仅矮小而且顺风向偏斜。

第四节 景观植物的季相变化与景观设计的关系

一年四季的气候变化,使植物产生了形貌和色彩的变化,如花开花谢,叶展叶落,这种随季节变化而产生植物周期性的不同貌相,称为季相。例如,杭州地区四季分明,雨量充沛,为表现景观植物的季相提供了有利条件。所谓"四季花开不断"是对植物景观季相的要求,这往往是指一个地区或一个公园总的园林景观而言,并不是要求园林中的每一块局部,每一块草坪都能做到四季花开不断。特别在较小的范围内将各季开花树木样样俱全的配置在一起,势必杂乱不堪或雷同或重复。所以在较小的范围内,如某一草坪、某一景区只能突出某一季相,形成一种由于气候变化造成的植物人文景观。例如,杭州"超山观梅"和"灵峰探梅"就是突出梅花所形成的"十里香雪海"赏梅时节的人文景观。同样道理满觉陇、玉泉"金秋赏桂"即为桂花的季相景观。

花港观鱼公园的合欢草坪,是利用植物季相变化造景的较好实例,草坪面积2150m²,缓坡倾斜,四周以各种常绿落叶乔灌木成丛、成片种植,围成了较封闭的草坪空间,草坪缓坡高处种植五株形态优美的合欢树，春末夏初红花艳丽，突出了草坪的主景。这个草坪空间在季相处理时确实做到了"四季花开不断"，如春季有玉兰、二乔、樱花、迎春、珍珠花，夏季有紫薇、广玉兰、合欢、金丝桃及树丛边缘的草花，秋季有桂花、鸡爪槭、三角枫和草坪下端的悬铃木，冬季有翠绿的柏木，树丛前还配置有各色草花，构成了一年四季丰富色彩的季相变化。由于主景植物合欢姿态优美、潇洒，且种在草坪平面的高坡上，位置突出明朗，成了控制草坪空间的主宰。其他，观花乔灌木和色叶乔灌木都成片、成丛或以"花篱"形式配植于边缘、坡下等次要部位。形成层次色彩丰富，交替出现优美季相，主次分明的配置特点。

第三章 景观植物配置的艺术特点和手法

园林景观植物配置的原则是根据功能、艺术构图和生物学特性的要求，使三者结合，在继承发扬我国传统园林植物配置的基础上善于创新。因地、因时、因材、因景制宜地创造植物空间的景变（主景题材变化）、形变（空间形体变化）、色变（色彩季相变化）和意境上的诗情画意，并力求符合功能上的综合性、生态上的科学性、配置上的艺术性、经济上的合理性和风格上的地域性。为现代城乡景观和居民创造一个美丽、安全、舒适的生存游憩环境。

因地制宜，是根据当地气候条件、水土条件、地形、地貌和有关城市建筑环境的性质、功能，选择合适的植物种类，进行科学合理的艺术配置，力求适地适材，组成多种多样的园林、绿地的景观空间以满足游憩赏景、交流等活动功能的需要。

因时制宜，是指园林绿地和各种景观的艺术特点，它的形象是随着时间而变化的。植物景观是随着植物年龄的增长而改变其形态，随着季节的变化而形成不同的季相色彩。因此，植物配置要注意保持景观的相对稳定性，为了早日取得绿化效果，快生树与慢生树配植时，不仅要从近处着手，还得从远处着眼。景观的季节变化取决于植物的季相变化，要使风景区、园林、绿地各景点有丰富多彩的季相变化，四时有景、各具特色，这有赖于绿地设计时植物配置的统一季相构图。杭州地区园林绿地一般以常绿阔叶树为基调，四季苍翠，在其局部景点，突出一两种观花或色叶植物，形成某种季相特色。

因材制宜，园林树种的选择，有助于创造园林特定气氛。不规则形的阔叶树，宜于构成潇洒柔和的景象，整形的针叶树，则创造庄严、肃穆的气氛。因材制宜就是植物配置要根据植物的生态习性及观赏特点，全面考虑植物在造景上的观形、赏色、闻香、听声的作用，结合当地环境和功能要求，合理布置，这是我国古典园林植物配置时常用的艺术手法，如"芙蓉丽而开，宜寒江秋沼"，"松柏骨苍，宜峭壁奇峰"。

植物配置因地、因时、因材制宜，实际上总是体现因景制宜的大前提，因景区、绿地的历史、人文、观赏、游憩、实用等功能需要，利用某些主要植物材料的生物学特性来体现主题意境（立意）及功能要求，创造园林绿地的空间景变。

如西湖孤山以梅花的形、色、香及傲雪开放的生物学特性来体现"疏影横斜，暗香浮动"的冬景主题；雷峰塔景区的夕照山以多数的秋色叶树种体现"更兼乌桕与丹枫"的主题；曲院风荷以数十个荷花品种和大片荷花的水面种植渲染"接天莲叶无穷碧，映日荷花别样红"的夏景主题；寺庙、墓地的绿化要求形体整齐端庄、色彩深沉的常绿树，以营造庄严肃穆气氛；而高速干道两侧的安全地带则要求在一定的路段距离内以不同植物的形体、色彩、季相，组成时空变幻、形色多变、活泼愉快的路景，促使汽车驾驶人员精神轻松、兴奋，避免长途单调的行车造成视觉疲劳。

一个公园或绿地的景色和树种要求丰富多彩，但在一个园林局部空间内必须各具特色,有主有次,主要树种不宜过多,以免杂乱。主要景观树种必须具有观赏特性,可采用片植或群植,以免大面积公园内到处三五成群,松松散散,主次不明。在配置上采用前简后繁、前明后暗、前淡后浓的方式,或反之,用明暗、色彩、形体等对比手法来突出主景。

园林空间内植物配置的形体变化,主要是结合地形和乔、灌木的不同组合形式,形成虚实、疏密、高低、简繁、曲折不同的林缘线和立体轮廓线。同一树种的树群,性格明显,可利用起伏的地形和异龄树的组合来改变主体轮廓线的平直,混交树群的层次,参差多变化。树丛、树群的形体组合必须注意个体美和群体美的结合,发挥个体在群体中的构图作用。在一个园林空间,不但要求孤植树、树丛、树群互相协调组合和构图上的完整性,还要注意相邻空间的视觉关系。如花港观鱼公园雪松大草坪,由雪松树丛组成的林缘线疏密有致,凹凸曲折,立体轮廓线高低错落,整个草坪空间构图协调完整,相邻的藏山阁草坪以桂花、玉兰等的圆形树种为背景,对比太过强烈,为缓和两个空间的急剧变化,在后者增植三棵雪松作为过渡,取得了通体联络的效果。

植物的色彩在景观配置中,能起到明显的艺术效果。其色彩的变化,一方面由于植物本身的季相特点,引起景观的色彩变化,另一方面是采用不同色彩的花木配置构成绚丽多彩的园林景观。如在暗绿色的常绿树为背景的前面,宜配植色彩亮丽的白色、黄色、粉红色的花灌木和草花,利用色相及明暗的对比效果创造明快的园林景观;在深绿色树丛、树墙、树群之间铺以浅绿色平面草坪或自然混种的嵌花草坪,在光影的作用下,也会构成色度对比强烈的画面景观。从叶片的叶色、叶形着手,利用不同绿色度的大小乔木、灌木分层配置或混植也能创造瑰丽多姿的景观,不论是否开花,只要搭配巧妙,就能达到良好效果。

为了创造出四季花景,其配置方法是采取不同花期的花木,通过分层配置或混种来延长花期景色。配置时花期长者株数宜多,花期短者株数宜少,再多用些宿根花卉以延长花期。

景观植物配置艺术,有它的客观规律和相对的独立性,但也不是孤立的,必须根据地形、地貌与建筑、道路、假山、水体等统一考虑,进行总体规划,确定创作意图,再进行局部设计,在进行植物配置时应注意下面几点:

先面后点:为了营造多方胜景的园林绿地,各景区空间植物景观多样,境界各殊,必须先从整体考虑,大局下手,然后考虑局部穿插细节,做到"大处添景,小处添趣"的意境。

先主后宾:一个景区景观内植物配置要主宾分明,先定植物的主题和主要观赏景区、主景树种,再布置次要景区和配景树种。

远近结合:在景观植物配置时,不但一个景区内树木搭配要协调,同时要与原有树木有机结合,与相邻空间或远处的树木和背景及其他景观能彼此相生相应,以取得园林、绿地空间艺术构图的完整性。

高低结合:在一个绿地空间或一个建筑小环境内,或一个树丛、树群内,乔木为骨干,配置时先乔木、后灌木、再草花。先定乔木的树种、数量和位置,再由高到低,分层处理灌木和草花,形成完美的艺术形象和立体轮廓线。

景观植物由于种类繁多,自身的形态、色彩、生物学特性复杂,加上种植生长地环境因子的多变性和涉及范围的广泛,决定了植物景观设计是一门多学科的边缘艺术,尤其对某些重点或地域较博大的景区,往往设计时，要涉及生物、生态、农林栽培、地质、地貌、建筑环境、交通、工程、人文历史、文化艺术、哲学、美学等等。所以，在进行植物景观艺术设计时必须考虑到多种因素带来的复杂性和动态发展，但植物配置的基本手法、规范、术语等还是有一定的规律可循，尽管形式很多，但都是从以下几种基本组合形式演变而来，从教育和联系实用出发的，现分述之：

（一）孤植

孤植树主要表现植物的个体美，在功能上有两种：一是单纯作为构图艺术上的孤植树。二是作为蔽阴和构图艺术相结合的孤植树。作为孤植树构图位置应十分突出，体形要巨大，树冠轮廓线要富于变化，树姿需优美，或开花繁茂、香气浓郁，或叶色有丰富季相变化，如枫香、银杏、无患子、珊瑚朴、香樟、榕树、广玉兰、雪松、悬铃木，孤植树常作为主景使用。

所谓孤植树，并非指只能种一株，为了艺术构图的需要和增加雄伟气势，可两株或三株紧密种在一起，形成一个单元，效果如同一株三干。

孤植树常放在草坪、山坡、林中空地、江河之滨或大水池之边，作为构图重心，与周围景物取得均衡呼应；四周要空旷，留出一定的视距供游人欣赏，一般为树高的4~5倍；也可植于开阔的水边，或可供眺望辽阔景观的高地上；自然式园路旁或河岸转弯处，也需布置姿态、色彩、线条突出的优美孤植树，以吸引游人；古典园林之假山、悬崖、巨石上、磴道口处常植盘曲苍古的孤植树，造成古树奇石相映成趣之景。另外，孤植树也可作为草坪、树丛、树群的对比树种，令人产生高与低、寡与众、疏与密等丰富变幻的意趣。

（二）对植

乔木灌木，相互呼应地栽植于构图轴线的两侧者称为对植。一般情况多作配景，有对称种植和非对称种植之分。

对称种植：常用于规则式种植构图中，公园、建筑物进出口两旁，街道两边的行道树，都是对植的延续和发展。对称种植即在中轴线两侧采用同一树种，同样体形，同等距离种植。

非对称种植：常用于自然式园林进出口两侧，石级磴道等处布置。非对称种植树种要统一，但体形大小姿态可有差异，动势要向中轴线集中，与中轴线的垂直距离大树要近，小树要远，才能取得左右均衡，彼此间互相呼应，顾盼有情，求得动势集中。

对植的种植方式距离宽可选用行道树种植，距离窄可选用花径式的种植，如用白玉兰、梅花、樱花、海棠、碧桃等对植于园路两侧时可形成花香袭人，花影拂面的路景。例如，杭州玉泉景区主干道两侧以白玉兰、枫香内外对植，春季花开似雪，秋天红叶似锦甚为壮观。花港观鱼、玉泉山水园等处的樱花径，开花时人行其间，倍觉心旷神怡。

（三）丛植

树丛的组合主要考虑群体美，也要考虑统一构图中单株的个体美，在功能和布置要求上与孤植树相似，但观赏效果则更为突出。作纯观赏性或诱导树丛，可以用两种以上乔木搭配，或乔灌木混合配置，亦可与山石、花卉相结合。作蔽阴树丛，常采用树种相同，树冠开展的大乔木为宜。一般不与灌木配合，树丛下置山石或座椅以供游人休息。种植标高，要高出四周草坪和道路，以利排水和构图上突出。

配置的基本形式如下：

1. 两株配合

两株配合，必须既调和又有对比，使两者成为对立的矛盾统一体，因此两株配合必须有通相，同一树种或外形相似者，才能统一，但又必须有异相，即姿态和大小应有差异，栽植方向角度也应有所俯仰，形成构图上的韵律感。正如明清画家龚贤所说："有株一丛，必一俯一仰，一倚一直，一向左，一向右……"两株间距离不宜过大，应小于两树冠半径之和，否则易失去呼应关系各自为政，成为两个"孤植"树。

2. 三株配合

三株配合宜采用姿态大小各有差异的同一树种，栽植时忌三株同一直线上或成等边三角形栽种，其中最大的和最小的靠近一些，成为一组，中间大小的远离一些，分成一组，两组之间彼此呼应。如果采用两个不同树种最好同为常绿或同为落叶树，或同为乔木或同为灌木，其中大的和中的同为一组，小的为另一组，使两个树组既有变化又有统一（图3-1）。

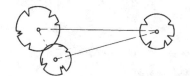 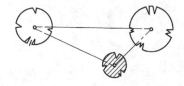

图3-1 三株配合示意图

3. 四株配合

四株配合仍应采取姿态、大小不同的同树种为好，分为两组，成为3:1的组合，最大株和最小株都不能单独成为一组，其基本平面形式为不等边四边形或不等边三角形两种（图3-2）。

4. 五株树丛的组合

可以是一个树种或两个树种的组合，分成3与2或4与1两组，若为两个树种，其中一种为三株，而另一种为两株，分在两个组内，三株一组的组合原则与三株树丛相同，两株一组的组合原则与两株树丛相同。两组间距离不能太远，彼此间要互相呼应和均衡（图3-3）。

5. 六株树丛以上的组合

实系二株、三株、四株、五株几个基本形式相互组合而已，故《芥子园画传》中有"以五株既熟，则千株万株可以类推，交搭巧妙，在此转关"之说。

（四）树群

多数（20~30株）乔木或灌木混栽称树群，主要表现群体美，因此对单株要求并不严格。每株树木在群体外貌上都起一定作用，要使观赏者能看到，故规模不宜过大，一般长度不大于60m，长宽比不大于3:1，树种不宜过多，以免杂乱。

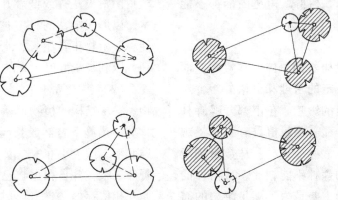

图3-2 四株配合示意图

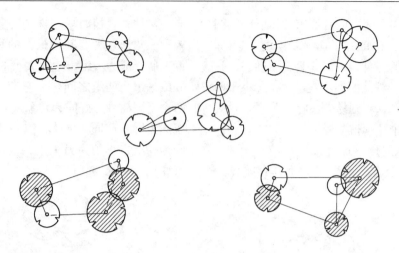

图 3-3　五株配合示意图

树群分单纯树群和混交树群两类。

单纯性树群由同一种树木组成，观赏效果相对稳定，树下可用耐阴宿根花卉作地被。

混交树群由多种树木混种，外貌上应注意季相变化，树群内部树木组合需符合生态要求，高大的常绿乔木宜居中央作为深色背景，花色叶色艳丽的小乔木应在外缘，大、小灌木更应布置在外缘，避免互相遮掩。树木排列时在不同方向上的林冠线需高低错落，水平轮廓要有丰富的曲折变化，树木栽植距应疏密有致，外围配置的灌木、花卉都要成丛栽植，交叉错综断断续续。栽植标高应高于草坪、道路、铺装地，以利排水，树群、树丛内部都不能有园路穿过。

（五）树林

森林是大量树木的总体，数量多，面积大，且具有一定的密度和群落外貌，对周围环境有明显的影响。在市郊开辟森林公园、疗养区，都需要栽植具有森林景观的大面积绿地，常称谓树林。从数量到规模与一般概念的森林不能相比，从树种的选择到艺术布局主要是为了满足游憩的需要，对改善城市生态环境，美化城市，满足市民休息有重要意义，所以称之为风景林。它可粗略地分为密林和疏林。

1. 密林

阳光很少透入林下，林中土壤湿度大，地被植物含水分高，柔软、脆弱，经不起踩踏，容易弄脏衣服，树木密度大，不便游人活动。市郊公园绿地中密林区是人们爱去的地方，在植物配置、艺术处理上都必须考虑观赏和游憩功能。

（1）单纯性密林：由同一树种组成，具有单纯、雄健、简括之美，但缺少垂直、郁闭、疏朗和丰富季相的变化。可利用地形起伏，异龄树造林，使林冠线得到变化，林区外缘配植同种树木的树群、树丛和孤植树，以增加林缘线的曲折变化。林下种植耐阴宿根花卉或低矮开花繁茂的耐阴灌木，以形成丰富的林中林下自然景观，为使林下植物正常生长，水平郁闭度不宜太高，以利少量散射阳光的透入。

（2）混交密林：是一个具有多种植物、多层结构的植物群落，一般在"封山育林"措施下自然成长起来的生态林，都属此型。即大小乔木、灌木、高草、低草、野藤、杂花各自根据自己的生态要求和彼此互相依存的条件，形成不同的层次和丰富的色彩、季相变化。供游人欣赏的林缘部分，其垂直层次、构图十分突出，但不能全部塞满，以免影响游人欣赏林地下特有的幽邃深远之美，为使游人深入林地，密林内可以有自然园路通过，必要时可留大小不同的林中空地——草坪，或利用林间溪流水体，种植水生花卉，并附设一些简单建筑（竹亭、茅亭等）供人短暂休息避雨。游人漫步林间小道或在溪边亭中暂息，就会完全陶醉于大自然中。

2. 疏林

常与草地相结合，又称草地疏林，是园林绿地中应用最多的一种形式。无论是鸟语花香的春天，还是白雪皑皑的严冬，都是游人休憩、赏景、活动的最好去处。疏林中的树种应选具有较高的观赏价值，树冠开展，枝叶疏朗，树形优美，花色叶色艳丽丰富，生长强健的树种。往往其果实与树干和树皮富有奇拙感和装饰美，枝梢潇洒秀逸，曲折多致，交叉结构有序，多数主景树或配景树的个体神韵能给人带来自然美的享受。树种配置时，常绿树和落叶树搭配要合适，树木种植要三五成群，疏密相间，有断有续，错落有致，务必使景物构图生动活泼。林中草坪应耐践踏或冬季不黄，以供游人活动。一般不设园路，但作单纯观赏的嵌花草地、疏林可筑园路，以利花卉生长。疏林草地以其优越的环境、游憩功能和美丽的景观，常使人们流连忘返，在一般的公园绿地中广为运用。

（六）植篱

植物成行列式紧密种植，组成围栏用的篱笆、树墙或栅栏，常称植篱。功能上可组织空间、装饰图案、防护，还可充当各种小品、雕塑、喷泉、花坛、花境的背景，建筑基础栽植，以遮挡屏障、隐蔽不美观的地段及建筑等。

植篱有整形植篱与自然植篱两种，前者选用生长缓慢，分枝点低，耐修剪的常绿灌木或乔木（如黄杨类、海桐、女贞、珊瑚树、侧柏、罗木等），修剪成简单的几何形体，规则式园林运用较多。

自然式植篱多用于自然式园林绿地，主要用于分割空间，防风遮阴，划分范围境界，遮挡不良景观等，可用一种或数种植物组成，但必须协调一致、搭配自然，一般选用枝叶浓密，分枝点低的开花灌木为宜（如木槿、枸骨、黄杨、水腊、红花檵木等）。

由于植篱在建筑小环境中及现代城市绿地中运用较多，本书在第八章第四节中做了较为详细的介绍。

（七）花坛

在具有一定几何形的植床内，种植各种不同色彩的观花或观叶的园林植物，从而构成有鲜艳色彩或华丽图案的称为花坛，花坛既有醒目的色彩亦富有装饰性，在城市景观和园林绿地中常作主景或配景。主要类型和设计要点如下：

1. 独立花坛

作为局部构图的主体，通常布置在建筑广场的中心，公园进口广场，林荫道交叉口及大型公共建筑的正前方，根据花坛内种植植物所表现的主题不同分两种：

花丛式花坛：是以观赏花卉本身或群体的华丽色彩为主，花坛内种植花期一致，开花茂盛的一二年生花卉，一种、几种都可，以观赏花色为主，图案次之。

图案式花坛：用各种不同色彩的观叶、观花或花叶兼美的植物，组成华丽的图案为观赏主题。

2. 花坛群

由两个以上的个体花坛组成一个构图完整的花坛整体。花坛群的中心可以是水池、喷泉、雕塑、纪念碑等，也可以是别具一格的独立花坛，花坛群内的铺装地、道路可供人游憩，大规模的花坛群内还可设置座椅、花架甚至铺地上植蔽阴乔木，供游人休息。

3. 花坛组群

由几个花坛群组合成为一个构图完整的整体，称为花坛组群。通常布置在城市大型建筑广场，或大规模的规则园林中，其构图中心常以大型雕塑、水池、现代喷泉、纪念性建筑为主。由于花坛组群规模巨大，除重点部分采用花丛式、图案式花坛外，其他多采用花缘镶边的草坪花坛，或由常绿灌木矮篱组成图案的草坪花坛。

4. 带状花坛

凡宽度在1m以上，长短轴比超过1：4的长形花坛称带状花坛，常设于道路中央或道路两旁，作为建筑物的基部装饰或草坪的边饰物。一般采用花丛式花坛。

5. 连续花坛群

由多个独立花坛或带状花坛直线排列成一行，组成一个有节奏的完整的构图整体，常称为连续花坛群。

一般常布置在道路和游憩林荫路以及纵长形广场的长轴线上，并配置水池、喷泉或雕像来强调连续景观的起点、高潮和结尾。在宽阔雄伟的石阶坡道中央也可布置连续花坛群，呈平面或斜坡状。

6. 连续花坛组群

由许多花坛群成直线排成一行或几行，或由几行连续花坛群排列起来，组成一个沿直线方向演进的，有一定节奏规律的、完整的构图整体时称为连续花坛组群，并常配用喷泉群、水池群、雕像群或纪念性建筑物作为连续构图的起点、高潮或结尾。

7. 花坛设计要点

（1）作为主景处理的花坛，外形对称，轮廓与广场外形相一致，但可有细微变化，使构图显得生动活泼。花坛纵横轴与广场或建筑物的纵横轴相重合，或与构图的主要轴线相重合，在交通流动量很大的广场上，因满足交通功能的需要，花坛外形可与广场不一致，如三角形或方形的街道广场，常布置圆形花坛。

（2）主景花坛可以是图案式也可以是花丛式，但作为雕像、喷泉、纪念性建筑基础装饰时，则处于从属地位。花纹色彩应恰如其分，切忌喧宾夺主，宜种低矮型草花。

（3）作为配景处理的花坛，总以花坛群形式配置在主景主轴两侧。如主景为多轴对称的，作为配景的个体花坛，只能配置在对称轴的两侧。其本身最好不对称，但必须以主轴为对称轴，与轴线另一侧的个体花坛取得对称。

（4）花坛与广场面积比，一般在1/15～1/3，作为观赏用草坪花坛面积可稍大，华丽花坛面积比简洁花坛的面积小一些。在行人集散量很大，交通流动量很大处，花坛面积可小些。

（5）作为个体花坛，面积不宜过大，一般图案花坛直径或短轴8～10m为宜，花丛式花坛为15～20m之间，草皮花坛可大一些。为了减少图案花坛纹样的变形并有利于排水，常把花坛做成中央隆起的球面，图案的线条不能太细。

（6）以平面观赏为主的花坛，植床不能太高，一般应高出地面7～10cm，植床周围用缘石围起来，使花坛有明显的轮廓，防止车辆驶入和泥土流失污染地面。

缘石高通常为10～15cm，不超过30cm，宽度在10～30cm。缘石的形式宜朴素简洁，色彩应与广场铺装材料相协调，带图案的缘石也能起到美化装饰的作用。

（7）花坛植物种植和花坛设计的灵活性。花坛植物的种类繁多，主要有常绿小灌木、常绿观叶小灌木、当年速生草花、宿根花卉和二年生花卉等。特别是近年引进培育的许多转基因速生草花品种，在组织培养，工厂化生产先进技术条件下，繁育了许多花色艳丽，生长期短、开花期长、矮化、整齐的花卉种苗。同时培育引进一些适应性强，矮化整齐耐修剪的常绿、观叶小灌木和常绿草坪，为城市广场、街道、公园、绿地的花坛设计、种植提供了丰富的种源。

花坛植物设计种植要因地、因材制宜，在种植养护人力和技术条件较差的地区，少用速生草花，多用些整形观叶常绿小灌木及嵌花草坪花坛，或花丛、花境式花坛；或整形观叶常绿灌木（如红花檵木、龙柏球、火棘、黄杨球等）与宿根花卉（如鸢尾、葱兰、石蒜、玉簪等）或草坪、地被植物（如菲白竹、酢浆草、禾叶麦冬、花叶蔓长春花等）嵌植的简洁花坛。或观花小灌木（如小月季、夏鹃）与适应性强的换季草花、常绿整形灌木相结合的混合种植花坛，直至最简单的常绿草坪花坛，放上一两块大小适中的置石也饶有风趣。所以，花坛植物的设计选择、种植可以因地、因材制宜，随机应变，只要美观大方，生动活泼，简洁雅致即可。

花坛的形式设计更可以花样百出，随机应变，因地制宜，如花坛四周的缘石，仅起固定花坛轮廓，保持水土，防止车辆驶入等作用。形式用材都比较简朴，但20世纪90年代后由于新建城市广场、步行街、街头绿地、滨水绿带等处的环境景观艺术进入了一个新经济时代，环境小品包括铺装地，在形式用材方面更新颖、讲究、在装饰美化，使用、观赏多功能结合方面，也做出一些好实例。如花坛缘石的高度、宽度、曲度，结合座凳、雕刻都做了不拘一格的尝试，使其在绿地环境中更具观赏性和实用性。

（八）花台

花台是古典园林中特有的花坛形式，用砖块砌成规则的几何形，花台内自然地种植着参差不齐、错落有致的观赏植物，以供平视欣赏植物本身的姿态、线条、色彩和闻香等综合美，故植床高度可以提高到50~80cm。

花台在中式庭院、古典园林中，作主景或配景用，位于后院、跨院或书斋前后的花台，则多用自然山石，依墙而筑，好似裸露基岩，岩石包围的间隙处，填土植花，粉墙作衬，犹如画在墙上的主体花鸟画。在现代城市的大型园林绿地的广场，道路交叉口，建筑物入口的台阶两旁，以及花架走廊之侧等处亦应用较广，在形式上也有所发展，组合花台的出现，形式新颖、风格别具。植物的种植更强调了装饰美和群体美。古典园林中布置花台的植物常以松、竹、梅、牡丹、南天竺、腊梅、山茶、红枫、杜鹃等为主。现代绿地花台则以各种花灌木和草花装饰为主。

（九）花境

花境是园林绿地中从规则式到自然式构图的过渡形式，其平面构图和带状花坛相似，两边是平行的直线或曲线，而且至少一边用常绿小灌木或矮生草本（如麦冬、葱兰、书带草、瓜子黄杨等）镶边。现在很多情况下不镶边。

花境内的植物配置是自然式的，主要以平视欣赏植物本身特有的自然美及植物自然组合的群体美为主，管理方便、应用广泛。如在建筑或围墙墙基，道路沿线，挡土墙、植篱前，草坪、树丛的边缘或林下溪边路缘，均可布置。

花境分单面观赏（2~4m）和双面观赏（4~6m）两种，单面观赏植物配置由低到高形成一个面向草坪、场地、道路的花色斜面。单面花境的背景常为深暗的树林或绿篱、绿墙、山体等。双面观赏花境中间植物最高，向两边逐渐降低，但其立面应该有高低起伏的轮廓变化。

花境的植床一般稍高出地面，在有缘石或植物镶边时与花坛处理相同，没有缘石镶边的，植床的外缘与草坪、路面等相平，中间或内侧应稍稍高起，形成5%~10%的坡度，以利于排水。

花境的植物配置色彩艳丽多姿，构图丰富、自由，以观赏各种植物的个体自然美为主，色彩的对比协调搭配任其自然，随机应变，因时、因材而异。植床内没有固定的种植图案、纹样。而是因季节选择不同色彩形状，不同种类的花卉更换种植，自然搭配，在草坪、林下，形成一条自由明丽的色带，为草地疏林的绿色空间增加了一个强烈的色彩层次。花境植床内植物材料的选择以一年生速生草本花卉为主，宿根花卉为辅，有时也可用低矮的色叶树种，如红枫（四季红）、羽毛枫、红叶小檗等少数固定种植（上层色叶），其余则随时更换种植绚丽多彩的草花，形成上下错落、互相映衬的立体色彩层次。草坪空间花境的平面构图是随草坪树丛、林缘轮廓线的曲折变化而蜿蜒行进，组成了草坪空间垂直平面、色彩对比强烈的艺术效果。

（十）草坪

草坪在城市园林绿地中除供观赏外，主要是满足游人的休憩、活动需要，同时在环境保护，改善城市小气候、美化市容等方面都有很大作用，是城市景观和绿化建设不可忽视的内容之一。

草坪在景观设计和园林绿地中的形式可分为两类：

1. 自然式草坪

自然式草坪主要特征，在于充分利用自然地形，或模拟自然地形的起伏，形成或开朗或封锁的原野草地风光。缓坡自然起伏的大小形状及坡度，应有利于机械修剪、排水和游人休憩、活动与赏景，坡度不宜超过10%为好（局部可以例外）。一般允许3%~5%左右的自然坡度，或埋设暗管以利排水。为加强草坪的自然势态，草坪的边缘及草坪上的树群、树丛、孤立树，都应自然种植。

自然式草坪适宜布置在风景区、森林公园及城市绿地中的空旷和半空旷地上，或大型广场的某个局部。游人密度大的草坪采用修剪草坪，游人密度小时可采用不加修剪的自然嵌花草坪，保持野生植物的自然群落风貌。在城市的水边、江河、湖岸，绿树成荫，草坪连片，更显得现代城市的风致宜人、自然回归。

2. 规则式草坪

规则式草坪是指外形上具有整齐的几何轮廓，一般多用于规则式的园林中，作花坛、道路的边饰物，布置在雕像、纪念碑或建筑物的周围起衬托作用。运动场、规则广场中的草坪都属于规则式。大型现代广场更有大片的规则式、自然式或花坛式草坪和铺装地一起构成了广场平面的主要部分。它们对草皮草种的选择、施工和养护管理都有很高的要求。

草坪的草皮植物北方常用的有：羊胡子草、结缕草、野牛草等，华东地区有：细叶结缕草、假俭草、狗牙根、马蹄金和绿色期长的草地早熟禾、高羊茅、匍匐剪股颖等。

有关草坪植物配置的主要部分详见第四章草坪景观与植物配置。

第四章　草坪景观与植物配置

草坪为现代城市景观及园林绿地系统的主要组成部分，它能给人们提供一个舒畅、开阔的活动游憩场所。

它防尘、固土、减少地面的二次扬尘，降温增湿，改善小气候。夏季时，草坪表面比裸露地面温度低6～7℃，比柏油路面低8～12℃，而相对湿度则增加12%～15%。草坪能防止光辐射，保护视力，草坪也能吸附地面空气中的细菌、病毒和相当部分的二氧化碳。

同时草坪也是改善、丰富现代化城市建筑环境景观不可缺少的组成部分。由于草坪能给人们提供舒畅、洁净、美丽、卫生的休闲活动场所，并且能美化城市形象，所以草坪的艺术设计、施工、管理都是非常重要和细致的，要求能做到既美观又实用。

第一节　草坪的空间划分

在一块草坪上，为了同时满足不同游人的游憩需要，应进行空间划分。当需要创造某些意境景观、环境气氛或诗情画意、游憩观赏功能时，往往利用各种丰富多彩的植物，结合一定的地形、地貌或建筑小环境，进行景观艺术的再创造和空间划分。而植物形态、色彩、大小组合都直接影响草坪空间的效果，给人以不同的艺术感受。因而在草坪设计时立意是首要的设计依据。

一、立意

所谓立意，就是以植物的配置来体现草坪空间景观的设计意图。如"山景草坪"即利用高低起伏的地形，以植物配置的艺术处理手法，选择富有山林气息的植物，装点、围合、划分空间，加强山林气氛。

立意首先体现由于各种不同体态、色彩的植物所构成的空间感觉，而空间比例又是空间感觉的一个主要因素，它是由树木的高度、草坪的宽度及站立的位置所决定的。如设置开阔、舒展的草坪，其空间感觉和空间比例都是很重要的。

杭州柳浪闻莺大草坪面积达35000m²，空间面宽达130m，树高与草坪宽度比为1:10，空间感觉辽阔而有气魄（图4-1-1）。气势开阔的草坪，并不完全决定于面积大，杭州孤山的大草坪面积仅4080m²，它三面环山，一面连接西湖，周围树丛树种较单

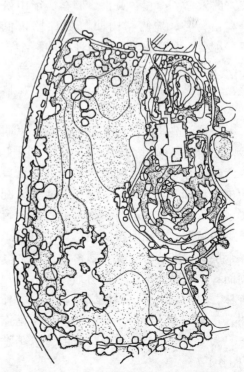

图4-1-1　杭州柳浪闻莺大草坪平面图

纯，以麻栎为主，夹种枫香和香樟。林冠线起伏不大，林缘线少曲折，树木挺拔而高耸，形成高达35m的巍峨"绿色"屏障。草坪简洁、完整、狭长倾斜延向西湖，展立面长170m，虽然面积不大，给人的感觉却气势雄伟壮观（图4-1-2）。

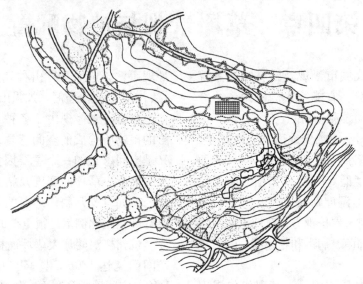

图4-1-2 杭州孤山后山大草坪平面图

杭州植物园中分类区松柏园，面积不大，高差也不多，坡顶高处种挺拔、高大、俊秀的云杉、冷杉、黄杉、柳杉、华山松等高山树种，坡脚"山凹"处种矮树低草。小小的地形处理，植物种植的科学艺术结合手法，给人以深幽、阴凉、清新的感觉，创造了山林趣十足的"山坡草坪"。

如要创造"咫尺山林"的意境，以西泠印社西南坡草坪为例（图4-1-3、图4-1-4）。它借助略有起伏的地形，高低反差的植物，疏密相间、不同高度的树丛配置，狭窄、高低的小路，茂密的地被，疏林中的隐榭，开阔曲折的小草坪，组成了一个层次丰富的林冠线和隐密深邃的林缘画面；在西面的山坡上自由地种植上一片杏林，周围是山石、斜坡绿草、竹林、什树，每当早春二月，春雨绵绵，杏花点点，大大渲染了江南初春时节的诗情画意（图4-1-5）。

有时亦可借助周围环境借景寓意，如花港观鱼公园的雪松大草坪上的"浮云"主景，即以樱花象征白云与南高峰山脚的云气相结合，形成深远的意境。

水景草坪则利用开阔平远的水面，迂回曲折的溪流、浅滩，种植宜水边生长的大叶柳、垂柳、菖蒲、鸢尾、芙蓉营造宁静的溪边小草坪，供人读书、听琴。开阔明朗的湖边草地供人露营、垂钓。这些水景空间会给人带来多种情趣。

草坪除上述因素影响空间的感觉外，有时连片大量种植某种具有特殊艺术效果的树丛，也能产生雄浑开阔壮大的空间效果。如柳浪闻莺草坪连栽39株木本绣球（以深色大乔木为背景），四月花开，团团白花如雪球滚滚，十分壮观。同样在杭州原少年宫广场北面120m长，20m宽的隔离绿带，配置相应长度的紫玉兰，花开时红绿相应，美丽而壮观（图4-1-6）。

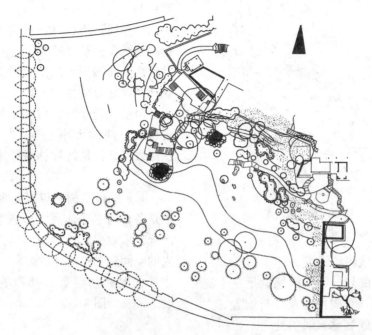

图 4-1-3　杭州西泠印社大草坪平面图

图 4-1-4　杭州西泠印社南向大草坪

图 4-1-5　杭州西泠印社西向草坪

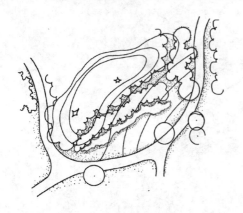

图 4-1-6 柳浪闻莺草坪上的木本绣球平面图

二、林缘线和林冠线

草坪空间的划分和空间感觉是一个比较复杂的问题，其树种的选择与配置，主要是通过林缘线和林冠线的处理来达到立意目的。

林缘线是指树林、树丛边缘上树冠投影的连线，是景观植物配置艺术设计意图，反映在平面构图上的重要形式，它是植物景观空间划分的主要手段。林缘线的曲折变化可组织透景线，增加草坪的景深，景观植物空间的大小、形式、性质、意境、预后效果，都是通过林缘线来处理的（图4-1-7）。

林冠线既是树林树冠立面形态的连线，也是各种树木个体高低形态组合后产生的综合艺术效果。林冠线的构图直接影响游人的空间感觉；树种的选择、树龄的大小、生长状况和修剪形式都影响到空间感觉（图4-1-8、图4-1-9）。

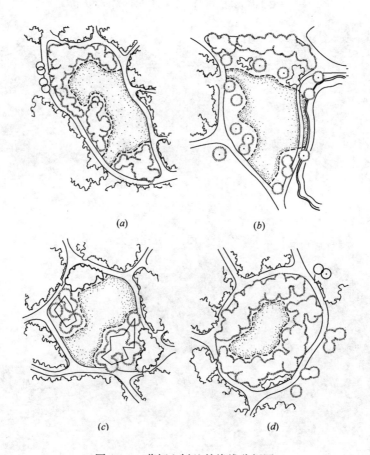

图 4-1-7 草坪上树丛林缘线分析图

第二节 草坪的主景

绿地的主要草坪一般都有主景,如树丛、雕塑……但多数都由植物构成。

灵隐寺飞来峰下大草坪由两株古树名木——姐妹枫香构成草坪突出的主景,姐妹枫香高达二三十米,树形挺拔、雄伟、秋色浓艳(图4-2-1、图4-2-2),还能起到中景作用,增加了草坪的景深,且与周围原有山林树木极为协调、相互增色。枫香也是杭州地区最高的树种,如云栖的大木王枫香30年前测定约为35m高。

杭州梅家坞茶地(拟草坪)的枫香及孤立挺拔的水杉构成了山间草坪绝好的主景。

太子湾大草坪上的无患子构成了草坪秋色主景。

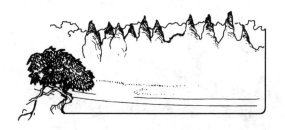

图4-1-8 等高的林冠线

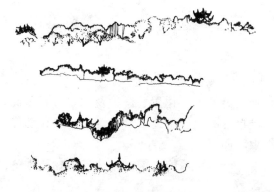

图4-1-9 花港观鱼公园牡丹园草坪四周的林冠线

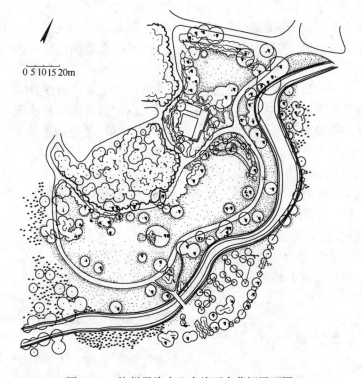

图4-2-1 杭州灵隐寺飞来峰下大草坪平面图

图 4-2-2　杭州灵隐寺飞来峰下大草坪主景树草坪空间

湖滨六公园的无患子草坪，几株无患子构成了统一的圆整伞形树冠，叶色鲜艳。西泠印社南坡草坪中大画家潘天寿先生雕像前有一棵巨大的孤植悬铃木，其树干周围设环形围椅，树下可蔽阴，视野开阔，能透视西湖景色，为滨湖观湖赏景休闲的好去处。

草坪以植物为主景时，可以用孤立木或几株同种树组成一个完整优美的群体，以欣赏其群体美。孤立木须选用姿态优美、色彩鲜明、体形宏大、寿命长且有特色的树种，常能起到点题、点景、导引等作用，构成画面景效主导，或选历史遗留的古树名木则更有人文涵义。适宜作孤立木的树种在江浙一带有银杏、枫香、无患子、水杉、垂柳、雪松、玉兰、二乔、珊瑚朴、香樟、广玉兰、合欢及法国梧桐等，而北方则选油松，南方都选凤凰木、木棉、南洋杉、椰子、榕树等。

若以观赏四时色彩变化无穷的花坛、花境，则以杭州花港观鱼内的藏山阁草坪为最，以建筑、假山与周围乔灌木融合为一体，是十分完美突出的一组主景。

第三节　草坪的树丛组合

草坪的植物配置，除孤立树、花丛以外，大多呈树丛（树群）或树林的形式，而树丛的大小位置、树种及配置方式，又随草坪的面积、地形、位置、立意和功能要求而定。

一、草坪的树群、树林与疏林草地的配置

中国古典园林的植物配置，讲究"三、五成林"的艺术处理手法，重视欣赏植物的个体美和人文美。而现代城市开放式园林绿地，更讲究群体美、生态美，为满足广大市民的活动休闲功能和改善美化城市生态环境的需要，所以在配置的形式和植物的数量和种类都有相应的改进。

以杭州解放后新建园林为例，植物配置在"林"的空间感觉上都有了许多新的探索。

柳浪闻莺大草坪主景是利用原百余株枫杨、经疏伐仅剩30多株，高大（树高近30m）的枫杨树下散置块石代桌凳，利用石块与大树的高低对比，加强了林的感觉。

湖西20世纪50年代营造的大片水杉林，后改建为曲院风荷，稍加调整形成了一些林中空地和林中溪流池沼，远看湖西大片森林与湖山连成一片，雄浑壮阔，丰富了湖面层次，人游其中深邃幽静，犹如进入了无边的大森林。

要造成"林"的感觉要选择高大、挺

拔、单纯树种自由种植。1985年新建的镜湖厅为傍山滨湖综合性开放园林，妙在充分利用地形地貌，建筑周围高树修竹，绿地的南端即疏林草地，西缘宝石山，仅北山街一路之隔。东滨里西湖与孤山遥遥相对，绿地北端为一不到3m的小高地，顶部一连种植十几棵大樟树，由于植物的向光、向水性，使高大浑圆的树体倾向湖面，形成了优美的动势，沿着坡地疏落有致地种植鸡爪槭、红枫、樱花、海棠，直到湖边又形成桃柳夹岸的水景；绿地北高南低，直至西泠桥脚铺草为坪，草坪三面又以常绿灌木封闭，隔去车道上噪声人流，在草坪上坐卧颇觉宁静，驻足湖岸小水榭，南望孤山秀色、里湖风荷、西观双峰叠翠、西泠烟雨、层林青霭、群山环抱；骑车或漫步北山街，透过由悬铃木和香樟树构成的厚重而有动势的框景，观看这高低错落、疏密相间的春花秋树、缓坡绿茵，衬映在明暗变幻的湖光山色中，层次丰富、艳丽、典雅，不愧为疏林草地的佳构。

二、隔离树丛的配置

结构比较紧密的树丛，起隔离、封闭或划分草坪空间的作用。比较简洁的隔离树丛如绿篱、绿墙常用来"遮丑"，多用于服务性建筑旁，以常绿紧密的乔灌木及竹类为主，作分隔空间。封闭草坪的隔离树丛则成为草坪空间或其他园林要素的一部分，它虽不是草坪主景，却是草坪空间的边缘部分，亦可作主景花木的背景，乔灌木的选择配置必须根据功能要求而定，一般以常绿树为主，要求枝叶紧密、分枝点低、分枝角度小，高、中、低按层次搭配，如第一层桧柏高3～5m，第二层海桐高1.5m，第三层可用矮海棠、杜鹃、金丝桃等。

有的隔离树丛仅以一片自由种植的纯林组成，如桂花林或桧柏林、雪松林等，产生似隔非隔又有联系的作用。

三、背景树丛的配置

在草坪上，主景树、花坛、花丛以及建筑、小品、雕塑等通常需要背景树的衬托，才能充分发挥其观赏作用。

背景树的配置方式有多种多样：

1. 草坪或其他形式的绿地、铺装地上的花坛、花丛、花带，以紧密的树带、树丛为背景。

2. 以色叶木或花木作孤立树，用高大的树群、树林（通常为常绿）为背景。如红枫以柏树、雪松等为背景，梅花以竹林为背景，白玉兰、二乔可以以高大的常绿树林为背景。

3. 一个树丛以另一个树丛为背景。如海棠林以柳树为背景（花港观鱼），以香樟、广玉兰为背景（平湖秋月），迎春与云南黄馨以夹竹桃、银杏、柳、紫楠为背景（中河及东河河沿绿地）。

4. 有的树丛、花木往往借助其他园林要素或自然环境为背景。如桃、柳以水面为背景极富诗意（白堤、苏堤），以远树、远山为背景则层次深远、更富画意（如花港红鱼池）。

背景树的选择，要求树种单纯、枝叶茂密，叶色深，若用不同树种则要求树冠形状、高度、风格大体一致，下层乔灌木绿色度基本相近，林缘线不宜太曲折；背景树丛配置要求，结构紧密，形成较完整的绿面，以衬托前景，如作带状配置则宜双行交叉种植，如珊瑚树株距0.5～1m，桧柏株距仅为2m。桧柏、雪松、乐昌含笑、广玉兰、海桐、垂柳、夹竹桃以及法国冬青等都是比较理想的背景树。

四、草坪的蔽阴

空旷的草坪，特别是面积较大的草坪，夏日炎炎，烈日当空，游人很难忍受，草坪上栽植蔽阴树很是重要，要求树冠庞大、蔽阴效果好的类型。圆球形、伞形、树冠蔽阴面积大，效果好，如合欢、无患子、悬铃木、朴树、青桐、七叶树，圆锥形树冠类型只宜做侧方蔽阴树。

蔽阴树丛的组合要注意朝向，防止西晒太阳，一般应取南北向长、东西向短者，蔽阴面积大，反之则小。

由于蔽阴树所处位置大都在草坪的主要位置，实际上多数为草坪的主景（图4-3-1），树形和色彩的选择极为重要，树龄和不当的修剪会影响蔽阴效果，雪松、丝列柏等常绿树，树形优美（塔形），但分枝点低、分枝太密，不便游人在树下蔽阴，随着树龄的增大，适当修剪即能造成优美的蔽阴树。不耐日灼的树种，不宜作蔽阴树。不能耐阴的草皮不能种在树荫很浓的大树下，只宜种在疏荫的乔木下（如合欢之类）。

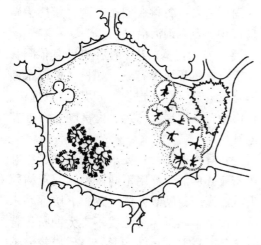

图4-3-1　合欢草坪平面图

五、草坪树木的间距

草坪上树丛组合的重要问题，即树木的间距。它的确定是根据立意和功能，供数十人在树荫下活动的地方，间距要求大，由5～15m不等，要求郁闭、安静的空间，间距可小些，如奕棋处，一般间距5m即可，设座椅处间距3m即可。

满足审美要求的配置，力求自然，疏密相间（图4-3-2），忌成行成排等距种植，树木的间距与观赏效果有关，一般幼树时宜密，成年大树间距要大，所以设计种植距离应考虑到近期和远期效果，一般植物在壮年时期形体最美，幼时不足，老年衰竭。当然也和树种寿命有关，一棵千年银杏能使整个院落中的草坪挺秀，而十年生幼树虽50株亦不见其效。近年造园由于考虑近期观赏和生态效应，如无大树大苗时，均宜适当密植，待长大过密，影响生长时可及时疏伐或迁移。所以树木的间距因配置方式、功能、树种、树龄而异。

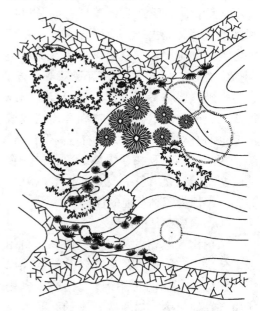

图4-3-2　自然式多树种树丛配置实例

根据杭州花港观鱼已经长成的树丛的树木间距，大致概况如下（特殊情况除外，20世纪70年代观察资料）：

阔叶小乔木（如桂花、玉兰、樱花……）间距为3～8m。

阔叶大乔木（悬铃木、香樟……）间距为5～15m。

针叶小乔木（五针松、罗汉松……）间距为1～5m。

针叶大乔木（雪松、马尾松、柏木……）间距为7～18m。

一般灌木　间距为0.5～2m。

第四节　草坪景观植物配置的色彩与季相变化

草坪和树丛，是现代城市景观环境重要的组成部分，碧绿明朗的草坪，色彩丰富、高低错落的树丛、树林、洁静的小河，构成了现代城市建筑环境的美丽形象，草坪上植物配置的色彩与季相变幻，影响整个草坪空间景观与艺术效果，草坪色彩基调多数情况下，终年翠绿，而花开花落、果熟叶红的季相变化，则来自树丛的植物配置。

一、叶色

植物的绝大多数叶片是绿色的，但叶片的色度、色调（或称色相），随着一年四季的气候变化而有不同。

多数落叶树早春发叶时叶片为黄绿色，而后逐渐变为淡绿色，至夏天变为浓绿色，秋天转为红、黄、橙、紫等诸色。

鸡爪槭、羽毛枫和槭树科大多数野生种，叶子早春发叶时为红色，而后变为绿色，至秋天又变红色，浙江山区的绣丽槭、青枫之类，红艳异常。

一部分常绿树春末夏初季节转换时，老叶转红脱落，新叶呈淡黄绿色，而后又转深绿色如杜英；香樟的新叶有红黄色、黄绿色相间；而罗木的新叶满树金红，转色期较长；色叶木树种有终年配色的，红叶李、紫叶桃、红枫、金叶女贞、红花檵木、红叶小檗，其中红叶李、紫叶桃、红枫为小乔木，除冬季落叶外，一年中大部分时间可作配色用。

金叶女贞（黄色）、红花檵木（红色）、红叶光叶石楠（红色）、红叶小檗（红色）均为灌木，为近年来大量应用的色块、色球、花篱、色带的色叶灌木，在草坪的边缘或一边组成花坛图案、色块。

组成草坪、树丛或树群、树林的秋色叶树种是指10~12月间造成斑斓金秋景观的一些乔灌木，它们春夏呈绿色，随着秋天的到来，气温降低，叶色逐渐变成红、黄、橙、紫，它们叶形美丽、叶色娇艳，树形也很端壮雄伟的树种，我们称之为秋色叶树种：

银　杏：大乔木，树形高大壮伟，扇形叶，入秋呈金黄色。

枫　香：大乔木，树形高大壮伟，三出掌状叶，入秋呈大红、黄、橙、紫红色。

水　杉：大乔木，树形挺拔，秀丽呈圆锥形，小羽状叶，入秋呈橙红色。水松、池杉，则类似水杉。

麻　栎：大乔木，树形高大、挺拔，互生披针形叶，入秋呈橙黄色。

三角枫：大乔木，树形高大，枝梢稀疏、清秀，掌状叶，入秋呈橙黄色。

悬铃木：大乔木，树形高大，浑圆，树干斑驳美丽，入秋叶色橙红。

金钱松：大乔木，树形高大、挺拔，呈圆锥形、尖塔形，入秋叶色金黄。

无患子：中乔木，树形圆浑端庄，羽状复叶，入秋呈金黄色。

乌　桕：中乔木，树形不规则，圆形叶，互生，入秋叶色大红、橙、紫红。

鸡爪槭：小乔木，树形呈扇形，枝梢潇洒、秀美，新叶红色，入秋叶色呈红色、橙红、橙黄。

红　枫：小乔木，树形圆浑，偏小，有四季红，两头红者（春秋叶红）。

黄　栌：小乔木或灌木，红叶艳丽，为华北地区最美丽的秋色叶树种。

草坪植物空间植物配置时，色叶树种

一般多栽植于草坪的主要位置，或成为一局部的主景，或置于草坪的边缘，具有一定的数量，形成秋色。

灵隐寺大草坪的枫香既是草坪的主景，也是飞来峰烂漫秋景的主流。利用色叶木的红色、黄色与绿色花灌木搭配在一起，组成对比强烈、形态优美、色彩缤纷的树丛，是草坪组景的常用手法。利用叶片的不同绿色度，植物前后搭配也能形成既统一协调，又有绿色度差异，明度、纯度对比变化的绿面，如广玉兰、柳杉为暗绿色，香樟为绿色，新叶黄绿色，毛竹为黄绿色，苦槠新叶为淡黄绿色。这些常绿乔木可以组成色度丰富变化的绿面，作为草坪空间的立面和主景花木、树丛和其他元素的背景都是很合适的。相同的绿色度由于树形不同、叶形不同，形成对比，如香樟与柳树，柳树与银杏，竹子和无花果，桂花与楠木，竹柏与八角金盘，牡丹园中匍地柏与盆景状的五针松，虽然色度相近，但姿态迥然不同，使之对叶色的欣赏转向对树姿的欣赏。

叶色的配置，因上述种种因素而影响观赏效果和景观，所以设计配置时，要综合考虑各种时间、环境、生物学特性等多种因素，才能获得理想的设计效果。

二、层次

景观植物分层、配置是影响草坪空间感觉，进行植物色彩搭配的主要方法。

以不同绿色度的叶色和花色及不同高度的乔灌木逐层配置，可形成色彩、线条形体丰富的层次。如杭州花港牡丹园的树丛，第一层为桧柏球，高 1.2m；第二层为鸡爪槭与紫叶李，高 3m；第三层为柏木，高 5m；第四层为枫香，高 10.6m，构成了一个绿、红、紫、黄的多层次树丛。用不同花色的乔灌木分层配置，是公园中常用的配置方法，通常用于草坪的边缘、道路的对景、大树丛的前缘等主要位置。本类的多层次配置手法，尤其适合于近代大力倡导的生态植物种植要求，让植物群落在有限的植物空间中有机的组合，能充分发挥其多元性效益。

在进行色彩分层配置时，应用对比色或色度相差大的植物较好，特别是注意不开花时或叶色未变化时的色彩。一般花灌木除去开花 7~14 天，落叶期（12 月～次年 4 月）四个月左右，其余七个月均为绿色。羽毛枫、红枫 3 月～4 月为红色，入夏为绿色，入秋又变红色，不同时期色彩变化复杂，所以最好在色彩较稳定时期考虑配置方式为佳。植物的高度应由前到后，由低到高，逐层配置，由于透视关系，前几层高差宜小，后几层高差宜大，以使各层色彩明显。

三、季相

所谓四季花开不断的季相景观，是一个地区或一个公园总的园林景观或城市生态景观（包括自然生态和人工生态），而不是指每一块草坪，或一个小水池周围四季花开不断，尤其在一个小范围内将各季开花的树木，配置在一起，势必产生杂乱无章，互相重复，重点不突出的感觉。

以杭州园林草坪及其他绿地的季相而言，更多的是突出每一季特色，而不是同时表现四季季相。杭州草坪不下数百块，配置上不能类同，其表现手法就是以足够数量的一种或少数几种花木成片栽植，形成"气候"，突出某一季相效果，给人以感染力，产生了某时、某地花景的诗情画意。

具体实例如下：

体现春景的有：灵峰探梅早春梅林；西泠印社草坪的杏林；花港观鱼公园，"藏山阁"草坪的樱花林，红鱼池周围的海棠林；太子湾公园的郁金香、风信子和樱花林组成的仲春闹景，"牡丹园"中以牡丹为主的牡丹、杜鹃、紫藤、羽毛枫、黑松、五针松、龙柏、枸骨、罗汉松等各类造型花木所组成的一幅幅"富贵长春"、

"春酣"、"报春"、"国色天香"、"四季常春"、"丹枫不老"等立体花卉山石画面；以及孤山北坡的大片松林与杜鹃的组合，更把春天的烂漫景象推向高潮。

体现夏景的有：花港观鱼公园的合欢草坪，环城西路绿地草坪，植物园经济植物区草坪上的石蒜等。

体现夏景的花灌木不多，只有合欢、石榴、紫薇、凌霄、木槿，路边花金丝桃、夹竹桃等少数几种。在到处浓荫一片的林下草坪和树丛边缘，稍稍作些点缀、配置都起到了万绿丛中一点红的对比效果。在草坪、林下自然成片、成团种植多年生草花，无论何种花色都能营造成强烈的草坪夏日景观。如石蒜、花菖蒲、草绣球以及其他野生草花，如卷丹、白花百合等。用乔木体现夏景，如合欢，在广阔或相对封闭的缓坡草坪的顶部，成片或种植三、五株伞形合欢树就构成草坪的夏日主景。

体现秋景的有：双峰大队到龙井的枫香路，梅林干道的水杉，太子湾公园的无患子。体现秋景草坪景观的树木，主要是秋色叶树种，只要配置得当，都能达到预期的"金秋效果"。

体现冬景的有：曲院风荷的水杉屏，灵峰探梅的腊梅，植物园的松柏园。体现冬景景观树木如高大的雪松、水杉、厚重的柳杉、云杉、黑松，及一些树冠枝梢优美的落叶树。在起伏有序空旷的草坪上，自然配植，都能得到宁静、明快的冬天景观，如在草坪或树丛边缘种上几棵红艳的茶花，更能起到"雪里山茶次第开"的诗意景界。

利用某一单季特色，虽然景观效果显著，但一年中花期最长的也不过1~2个月，如配置方法得当也可弥补偏枯时间过长的缺陷。

1. 以不同花期的花木分层配置，使花期延长，如杜鹃、合欢、石榴、紫薇、金丝桃、红叶李、鸡爪槭、夹竹桃配置在一起，可延长花期达半年之久。花期长的、花色美的株数可多一些，特别是一些带有人文历史景观的，如孤山观梅，花期很短，必须在梅林下或边缘配植宿根花卉和低矮的花灌木，以减少梅林偏枯偏荣等倾向。

2. 以草本花卉，弥补木本花卉之不足。宿根花卉及其他草本花卉品种繁多、花色丰富、花期交错，是克服偏枯现象，延长花期的最好办法。从经济角度出发应以多种宿根花卉为主，因一般草花，每年中要更新3~4次才能保持季季有花。

第五节　草坪的边缘和装饰

草坪的边缘处理是组成草坪空间感觉的重要因素，也是一种装饰。草坪边缘的植物宜疏密相间、曲折有致、高高低低、断断续续，封闭处树丛宜密，高、中、低多层次搭配；开朗处宜稀，以低矮花灌木垫底，高低错落、薄层曲折、断断续续种植，以产生似隔非隔、既通透又隐现的透视效果。一丛剑麻、几只灌木球、一片灌木色块或草花，几丛翠竹或在起伏有致的草坪中种上装饰性的小花丛、小灌木丛构成小景，都为草坪增色添景。

草坪上的石景，也是装饰草坪的重要因素。一块湖石斜搁边缘，几颗大卵石或几块巨岩、片石，半埋于绿草土坡，犹如大山的"余脉"，配上几丛小花，都饶有山林趣味。

近年来随着花卉栽培技术的发展，植物转基因、组织培养等新技术的工厂化应用，引进及生产了大量色彩鲜艳丰富、花期稳定一致、快速开放而又矮化强壮的草本花卉，为现代城市园林、广场、街道的草坪、花坛提供了良好的配色植物，为现代绿地的大片草坪色彩装饰起到关键作用。

第五章 水体景观与植物配置

水体是构成园林绿地景观和现代城市景观的主要要素，不论形体大小、所处位置、主景、配景，还是小景都能给人以恬静、温馨、明澈、亲切的感觉。多数水体需借助植物来映衬、充分展示其景观的艺术效果。

第一节 水体景观与水边、水中植物

水边、水中植物的形体、大小和色彩及其倒影、植物的高度、水体面积之间的比例等，都会直接影响水体的整体观赏效果。不论湖岛大小、堤桥长短其植物配置都能起到加强水面景观和调节水面空间的作用。

岸边种植淡色系列的花灌木，尤其是藤本之类，垂挂于池岸、驳岸之上的迎春、黄馨、蔷薇、瘦苏、喷雪花、杜鹃、木香等，开花时倒影在幽暗、宁静的水面，给水体景观增加无尽的情趣。若水池的面积和池边植物高度比例恰当，就能使倒影在水中全面、清晰。

杭州植物园分类区水池边的高大水杉倒影，在对岸一定位置上观赏，会感觉到大自然的朴素和宁静。三潭印月的水边植物与景物紧密结合，更是生动感人，给游人以隽永的优美和留念。

水体植物配置总离不开水生和湿生植物（生长水边湿地），湿生植物如芒草、鸢尾、红花落新妇、银芦、意大利芦、千屈菜等，可在岸边随意丛植，富有自然野趣。水生植物又称沼生植物或挺水植物，这类植物，根生于水下泥中，植株直立挺出水面，一般生长在水深不过1m左右的浅水地域，如荷花、水葱、菖蒲、莎草、荸荠、慈姑、芦苇、千屈菜、雨久花、再力草等，这类植物种于不碍水上游憩活动的水面上；另一类水生植物叫浮生植物，即根生于水下泥中，茎不挺出水面，仅叶花浮在水面，如睡莲、王莲、金莲、菱、芡实等，至于根不在泥中，全株漂浮于水面的如水浮莲、浮萍、水花生等，能净化水体，并可作为饲料等经济作物，有极强的生命力，一般不作观赏用。

在水体中配置植物，要考虑花色、姿态、高矮、叶形的搭配，如蒲黄与慈姑配植，形成直线与盾形面的点、线、面构成美；在水面种植荷花、睡莲时，不能塞满水面，要留出一定的空白，亮出疏朗水面，一般都在池底筑水泥种植床，或用粗石板限定范围以限制水生植物长满水面；在规则水体中种植水生植物，多用水泥植台，按不同深度分别设置，若种植面积不大，也可用缸栽植，但要求种植观赏价值较高的荷花、千屈菜、睡莲等。

第二节 水体景观与植物配置实例——湖、堤植物景观艺术赏析

湖：水体大者为湖，小者为池。

以西湖为例，虽然湖山之美来源于自然，但西湖四周植物在形态、色彩的四时变化，把西湖装点得更美、更富于生气，增加了赏景的意趣。

早春孤山红梅成片开放，苏堤、白堤、柳浪闻莺沿岸一带的"一株杨柳一株桃"体现了历史上西湖植物配置的传统意境。湖边的柳树、水杉、悬铃木、枫杨、三角枫、重阳木、香樟、木芙蓉等，嫩绿的叶色，被春风吹绿了西湖沿岸；白色的玉兰、红叶李花、粉红色的樱花、杏花、海棠、娇艳的碧桃，相继开放，与嫩绿相晖映；暮春时，孤山山坡，花港林下，玉泉池边，大片的杜鹃争相怒放与红枫、鸡爪槭、红叶李、羽毛枫的红叶上下呼应，姹紫嫣红，把湖山春景推向了高潮，使游人陶醉于湖光山色之中。

构成西湖夏景的植物主要是湖面的荷花，里西湖、平湖秋月、西泠桥头和曲院风荷等处大片荷花盛开，与湖边的杨柳、水杉林、悬铃木带互相映衬，非常协调地构成了完美的植物空间，透过树林眺望，近山远峰、蓝蓝的天空、白云朵朵，令人心旷神怡。

西湖的秋色，主要以里西湖环湖的悬铃木带，湖西大片的水杉林，湖滨一带的无患子，孤山、夕照山、宝石山等处的枫香、鸡爪槭、丝棉木、黄连木，苏堤上诸色若陈的三角枫、重阳木、无患子、七叶树、乌桕、鸡爪槭、红叶李等，一眼望去连绵不断的红、黄、赤、橙，和以深绿色为主的香樟，构成了色彩对比强烈的斑斓秋景。

堤：水体中分割空间点者为岛、线者为堤。

把一个较大的水面分成若干大小、形态不同的空间。西湖中有苏、白二堤，白堤较短，从头至尾，只配植两行桃柳，红绿相间，简洁明快，立意于传统。苏堤贯穿南北，六桥横跨，在植物配置方面，可谓是刻意经营，树种选择以香樟、桂花、女贞、楠木、柞木、含笑等常绿阔叶树为基调，保持冬天不凋的生态相，再配上大量的秋色叶树种：三角枫、重阳木、无患子、七叶树、鸡爪槭、乌桕、水杉、丝棉木和花灌木；秋色叶大乔木作行道树分段片植、对植，形成了"红霞片片出湖上"的秋色季相。更多的是种植大量春季观花植物，突出"春晓"意境，以桃柳相间，作丛状自然式种植外，每座桥的两头都有一二种相近的观花乔灌木作大量种植，使每座桥的景观各具特色。跨虹桥以樱花为主，其次木芙蓉；东浦桥的紫荆；压堤桥的海棠；望山桥以鸡爪槭、桂花树为主；锁澜桥的绣球；映波桥的红叶李。在堤岸，树下种植大量的宿根花卉地被植物，把十里长堤装点得繁花似锦，真是"柳暗花明春正好，重湖雾散分林梢，何处黄鹂破暝烟，一声啼过苏堤晓。"

初冬季节，泛舟湖上眺望苏堤，各种形体结构的大小乔木如香樟、桂花、楠木、柞树、苦槠、三角枫、重阳木、无患子、大叶柳、水杉、枫香、枫杨、杨柳、鸡爪槭等罗列堤上，浑圆、厚重、大小不一的常绿树体块和萧疏、繁密、变化无穷的落叶树线条结构，交织在一起组合成一幅高低错落、疏密有致的林带。在湖西浓浓淡淡，重重叠叠的群山环抱中，湖面波光粼粼的映衬和岚烟青霭的掩隐下，写出了十里长堤烟树空濛的水墨画长卷。

当雪花纷飞的隆冬季节，白雪覆盖丛林、草坪、池畔、山郭、湖河港叉，显示出一幅幅黑线白底，虚实相间的画面，每一角落都可画出一幅动人的水墨画。这些画面空间，是由丰富的植物线条、形体结构组成，富有单纯的韵律美，无论是自然生长还是人工配置后形成的植物空间，都与湖山高度融洽，才产生了黑白空濛、松灵迷漓，充满诗情画意的无限美景。

第三节 水体景观与植物配置实例——池、岛的植物景观艺术赏析

池的形状大小各有不同，由于功能、所处位置、立意等不同，配置方式也会不同。由于水池是绿地环境中的主要部分，是游人集中赏景的场所，中国古典园林常以水池为中心，将各种建筑围合在水池周围，形成封闭性的水景建筑空间，而现代园林绿地建筑只起点景和某些实用功能，是以植物围合划分空间。所以，以池、岛为中心的植物配置方法，是围绕水池周围造景。沿着水池周围的园路移动地组织植物水景空间，步移景异，在不同的观赏点，透过水面，按照植物形体及季相变化，观赏一年四季的植物形体、色彩、线条（包括建筑小品）和水体平面、光影造成似虚似实的生动倒影，共同组成了水光月影下的水景画面。

以杭州植物园分类区水池为中心的水景空间为例（图5-3-1）。

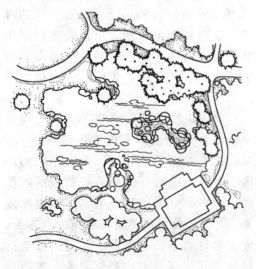

图5-3-1 杭州植物园分类区中心水池平面图

该水池以湖石及草坡驳岸，池中筑岛，上植南天竺、羽毛枫、红梅及野花、薜荔、络石等。冬去春来，红梅傲雪开放，以报春意，梅花将谢时，池东南十几株山玉兰、望春花相继开放，三月上旬春风乍到，水榭边的几株粉白色樱花怒放，在大乔木黄绿色背景的映衬下，如云、如雪明快而绚丽；海棠开罢，碧桃又放，一时珍珠花、红枫、羽毛枫、棣棠、水杉、落羽松等红、白、黄、绿色相继而来，小小的水池，真是春花烂漫，绚丽多彩。入夏，高树深池，水杉、落羽松、池杉的树影，荷花、睡莲红白花朵与绿叶相辉映，一泓水池，倒影摇曳，构成了优美宁静的夏景，成了人工山林中的一绝。秋天，高大挺拔的水杉、落羽松、池杉、枫香、悬铃木及其他落叶乔灌木，组成了灿烂秋景。水池上部的松柏园，由于大量引种松、柏、云杉、冷杉等高山类树种，加上有效的地形处理，每当大雪纷飞，山雾濛濛各种树木都显示出特殊的形体线条美，大有林海雪原的意境。

植物园另一水池即为玉泉山水园（图5-3-2），它是利用原有水田改造而成，面积约1.5hm^2，沿岸全用地被植物覆盖，周围若即若离地种植乔灌木，离岸远处草坪直插水面，极具自然气息，水边泥岸种植鸢尾、菖蒲，加强了水景效果。由于考虑到游人较多，池周围分置草坪三块和春景繁茂的槭树杜鹃园，以分散游人，增加游览面积。池边道路时而临水，时而转入林中（图5-3-3），曲曲折折，增加了游览水景的趣味。与分类区水池中小岛不同的是所处位置决定了它为水池观赏的聚焦点，它的植物配置对整个水池起着聚景、分隔和加强景深的作用，岛上种植黑松、合欢、夹竹桃、红枫、鸡爪槭、茶花、杜鹃等乔灌木，岛景醒目，几乎成了各色花木的"标本园"。

第三节 水体景观与植物配置实例——池、岛的植物景观艺术赏析

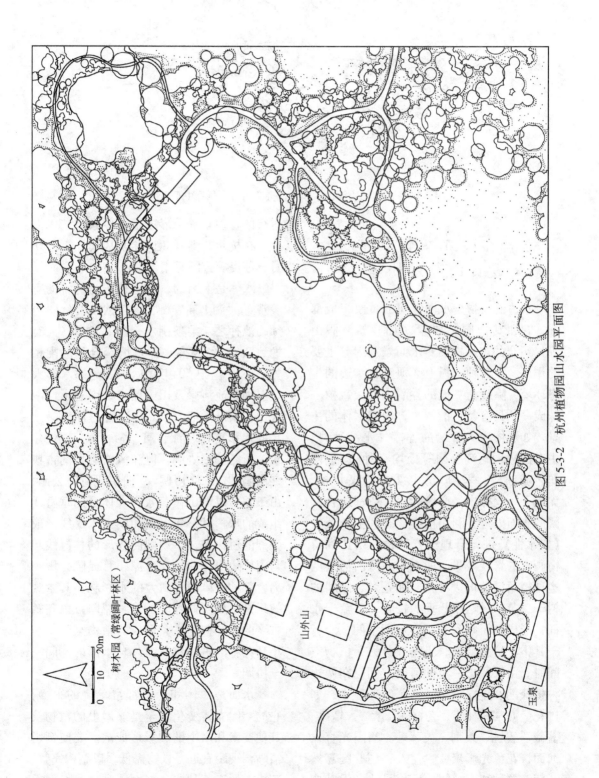

图 5-3-2 杭州植物园山水园平面图

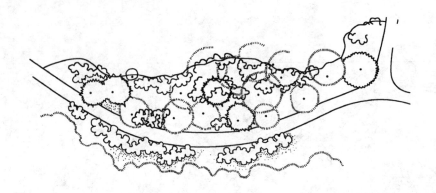

图 5-3-3　杭州植物园山水园水池旁道路转入丛林中平面图

第四节　水边植物景观设计的艺术处理

水边的植物是水面空间的重要组成部分，它和其他园林要素（如建筑、假山等）组合的艺术构图对水面景观起着主要的作用。在树种选择上必须符合水边的生态环境，除栽植一般的乔灌木外，栽植一株或一丛具有特色的树木，构成水体的主景。如形体庞大常绿的香樟（平湖秋月、中东河边、湖滨公园等处均有种植）、樱花、珊瑚朴、垂柳、水杉群组、夹竹桃、无患子、丝棉木、榔榆等，一般都适合开阔的水面处理，利用植物形态和生长习性（向水性）进行合理配置种植，以达到诗情画意的景观效果。如在不太宽的河港两边种植耐湿性的大叶柳，那苍劲、倾斜的树干，茂密、略显低垂的枝叶，覆盖于水面，形成郁闭幽深的拱形水面空间，船行于其中，倍感清静。当船行至另一植物空间时，由于留出一定的河岸空间，在两边种植疏朗、直立、四时开花的花灌木，如樱花、海棠、杜鹃、夹竹桃、紫薇、棣棠、蔷薇、碧桃、紫荆、芙蓉等。当阳光直入河面，花色光影聚变，使人感到心胸豁然开朗，这种利用植物的生长习性（大叶柳的向水性）、形体、倾向、趋势、花色等进行的合理布局，形成了水体景观艺术变化，在杭州花港观鱼、曲院风荷、三潭印月、苏堤等公园运用较多。

水体是平面的，水边植柳是传统的审美观念，"湖上新春柳，摇摇欲唤人"，"更须临池种之，柔条拂水，弄绿搓黄，大有逸致"，柳丝轻拂水面是情调合理的配植方法。20世纪50年代后，古老的水杉大量引种湖池河岸及田野路旁，引起了江南大地在景观上的大改观，这种"洋气"十足的水杉群体与江、河、湖、海、现代建筑、道路都很协调，但和风格迥异的古典江南园林却未必协调。"曲院风荷"公园，由于湖西以群山作背景，大体量的垂直线组成的水杉林，树冠线和湖面水平线形成强烈的对比美，不规则曲线形的林冠线却与山体线协调，如在三潭印月或阮公墩小岛，都种上单调、高大的水杉林，其景观效果是很难协调呼应的。三潭印月以苍劲古老的大叶柳为主，形成的植物空间却与小巧典雅的古建筑、内外湖水面的空间完全协调。

水面是形体和色彩都很单调的平面，它的空间立体变化完全是靠岸上的植物及其他要素和水中的倒影形成的。要使倒影清晰，视距宜近，景物需低，以结构完整、疏松、形态苍劲、向水面偃卧或具有轻柔倒垂枝叶的树种为佳，岸边配植红、黄、橙等暖色调及白色调花卉效果更好。水池边以绿色的篱状植物作背景，前面种红、黄、橙、白色花卉，加上白墙黑瓦的园林建筑，清晰的倒影和景物组成了一幅美丽的画面。

新西湖的扩建，在水边植物的配置，大量引用适宜江浙水域、江湖池边种植的乡土植物，恢复原有的生态相。这些乡土植物虽无艳丽花色，但形态各异，能形成大片的自然生态气候，这些野地荒草，既能纯化水体，更能形成自然美丽的湿地景观，为恢复、营造自然野趣提供了一个好的范例。

第六章 山体景观与植物配置

园林中山体与草坪、水体、园路及建筑小品构成了完整建筑小环境的园林景观空间。山体（陆地上的隆起的部分）分石山、土山、与土石结合的山。江南古典园林以假山（石山）为主，或少量土石结合的山，如"环秀山庄、寄畅园、拙政园"等部分山体。20世纪50年代后我国新兴园林绿地大部分以土山、草坪、水体组成，或用部分土石结合的山。20世纪80年代中国大地上掀起了一股假山风，由于设计、施工都太局促，且有高超艺术修养的"山匠"已失传，尽管耗资巨大，但少有佳作。稍有几个有艺术水平的中青年师傅，由于多数是"个体"行为，也很难有大作品闻世。很多绿地中的"乱石堆"只能留给后人来改造、完善，用植物配置来调和遮丑也不妨是个好办法。

传统园林中山体上的植物主要以体现个体美，人文，诗情画意美为主。以山石松柏相配象征长寿；以牡丹和石相配象征富贵；牡丹、松、石的构图则常是国画的表现题材"富贵常春"；竹石表示虚心、气节。清代画家郑板桥一辈子以竹为主要表现题材，他的竹石诗云："咬定青山不放松，任尔东南西北风……"，以象征文人气节，古典园林常以竹为植物配置中的主要题材。竹的形体及生长适应性很适合各种环境配植，故被广泛运用，特别一些小苦竹类在山石缝隙中都能生长良好。它四季常青，与松石（一般为经过自然造型的老黑松、油松、马尾松）、梅花一起配植为"岁寒三友"，若和溪、泉配置一起则为"五清图"（松、竹、梅、石、水）。

梧桐、银杏也是古典园林中为人喜好的树种，梧桐传说为"凤凰栖梧而食"，树干清净、碧绿，桐叶掌状，入秋金黄。银杏也是长寿树，千年古树是常见的，叶形叶色都极美（春夏翠绿、秋天金黄），这些树在古典园林中和湖石搭配，在形体、色彩上都显得特别美丽、典雅。除以上这些树种，还常用一些乡土树种，北方常用桧柏、黑松、白皮松、榆、槐、枣、油松，江浙一带常以朴树、榉树、椰榆、大叶柳、枫杨、侧柏、龙柏、五针松、匍地柏、南天竹、棕榈、香樟、桂花、玉兰、枫香、槭树类、苦竹、箬竹类等什树花灌木，这些树种在土石结合的山体上自然种植，常常造成朴素、自然优美的园林景观。

日本园林源出于中国，气候带也与中国相同，日本山水园以"仿真"为主，叠石技艺不高，以土石山为主，但植物配置精细、树木整型、修剪自然、搭配有序，常见的有：黑松、锦松、五针松等都按宋画中之形象高山古松造型；龙柏、真柏、花柏、圆柏、紫杉、小叶冬青类、黄杨类、梅子类、细齿叶桧、珍珠榕、石楠类、六月雪、青栎类等常绿乔灌木，进行类球状流线形修剪。加上各种竹类植物（如苦竹、寒竹、女竹、箬竹类）玉簪、秋海棠、芒草、禾叶麦冬、万年青、蜘蛛抱蛋、石菖蒲、沿阶草、橐吾及各种蕨类植物，甚至细小的苔藓等草本植物；梅花、樱花、海棠、绣线菊、绣球、桃、李、杜鹃等花灌木，以及日本各类庭园最常见的色叶树种，如槭树类的青枫与红枫、羽毛枫、鸡爪槭、银杏、枫香、黄莲木、麻栎等多种园林植物,自然有序地构成了日本山水庭园的绚丽景观。

新建园林绿地的石景,以花港观鱼的牡丹园为最,在奇石、小径周围的植物配置上做到了处处有画、步步有景、精益求精,大到危峰长松,小到一花一石一草的构图都饶有情趣,充满了诗情画意,这是科学技术与文化艺术高度结合的产物。红鱼池以湖石驳岸,局部的植物种植,山石与花木在水光波影下显得更为生动耐看;草坪上的置石虽然简单,但石边的几丛小花小草都在绿草的衬托下更显得生机勃勃。

原为古典园林的郭庄,湖石驳岸经整修后种上花灌木和色叶树种,景色更美;西泠印社、中山公园均以本山红石为材料,掘池堆山,假山结构奇拙浑厚、色泽古艳,石上又爬满了常绿的薜荔、络石、首乌;白花青果,盖去叠石后留下的不协调的斧凿痕,使山石更加苍古典雅,与原来的真山结合得天衣无缝。道旁、石隙、"崖顶",再种上杜鹃、八角金盘、十大功劳、野菊、梅花、红枫等,为古老的石景增添了无限生机。

一般三叉路口及路缘常以置石、小型叠石及其周围植物配置组成,具有障景、对景、引景、点景装饰等功能的综合性景观,应根据具体情况选择色彩、大小、形体合适的植物材料,组成石景。

在现代以开阔的草坪空间为主的园林绿地中,土山实为草坪上隆起的比较高的部分,是自然界丘陵地貌的缩影。在不高的土坡上铺上草皮,按"山"的脉络摆上几块风化石(湖石、红石、砂岩、古老的花岗岩等,经过风雨流水,千百年风化,没有开山采矿时留下的斧凿炸药痕者)半埋土中,拱出草坪缓坡,形成古老山体舒展、缓和静穆的形态特征。杭州植物园分类区,松柏园利用原来坟地,经规划设计后,施工时降低路面,形成脉络缓坡,在坡顶种高树松柏、杉榧之类,很少采用高中低三层配置方式。强调树干高大挺拔,树顶浓荫,树下空灵的反差感,在高大的金钱松下丛植杜鹃,有的路边种植树冠优美、枝叶扶疏,浓绿披展的华东黄杉、云杉、冷杉类树种,强化了高山生态意境。这种简约巧妙的地形处理和有效的植配造景方式,投资少,效果好,造成了高山野趣很足的城市山林景观,是值得多方借鉴的。一般情况下土山和草坪、水体多数连接在一起,植物配置,根据地形因势利导。

第七章 园路与景观植物配置

园路在新建绿地中占总面积的12%~18%，它的作用与城市道路不同，不光是为了交通，更多的是为了导游。人行路上可以起到步移景异，形成动态的连续构图，有的园路本身常和硬地或小区结合在一起，形成另一种形式的空间，供人游憩，这在广场景观设计中更为多见。风景区的交通要道常和周围的景观结合在一起，是路但也是景（如灵隐路）。所以在植物配置时，树种选择要灵活而有变化，与多层次的乔灌木、地被相结合，构成有情趣的园路景观。

第一节 主路的植物配置

风景区绿地的主要道路的树种选择，不能完全按行道树功能要求，而是以观赏效果为主。如灵隐路原为城区通往灵隐的交通主干道，前段选种无患子，树形挺直，树冠开展成伞形，叶色金黄，有一个多月的秋色，与周围山林中的枫香、金钱松、槭树、三角枫、麻栎、水杉交织在一起，形成灵隐路段美丽的秋色。灵隐路后段却穿过九里云松景区，两侧为长松秀拔，苍翠葱郁的成片松林和以常绿阔叶树为基调的混交林交织在一起，组成了自然的次生林带，但作为一条漫长的风景路，其色彩、季相、层次仍不够丰富。从20世纪80年代起在两侧林下沿路成片、成带种植大量的鸡爪槭、红枫、杜鹃等中下层的色叶树及花灌木和草本地被，形成了既富山林野趣又有人工配置色彩、层次丰富的（特别是春秋两季）风景区主干道景观。

同样道理，龙井路也是利用原来地形、地貌、农舍、茶园、山林、配种了单一树种枫香，和原有山林的落叶树、色叶树林完全融洽，形成了秋色艳丽的风景路。

水杉作为道路两侧单一树种的配置，无论规则的列植或自然成丛、成片种植，都会收到良好景观效果。因其树形挺拔、气势宏大、叶色美丽，与路面易形成强烈对比。

凡采用同一树种，或以一种树种为主的园路，容易形成一定的气氛和风格或某一季节特色。在自然式的园路旁，如只用一个树种会显得单调，不易形成丰富的路景。树种多少应以园路性质和所处地位而定，在不太长的路段内不宜超过三种以上，且须以某一树种为主，以防杂乱。较长的园路旁，在不同的路段可采用不同的树种，花港观鱼公园主干道，雪松大草坪段，以种植雪松、广玉兰、茶花为主，西段则逐渐种植紫薇、麻叶绣球、山茶、黄馨、贴梗海棠等，但广玉兰等的重复使用，成为主干道的主要树种和花灌木的背景树。

杭州植物园"槭树杜鹃园"三条园路交叉处，种植鸡爪槭、红枫、杜鹃、桂花、朴树、榉树、榆树、杨梅等。鸡爪槭伞形舒张，高3m左右，前后散植杜鹃花丛，五月初，槭树低矮、偃斜的红色树冠和白色的杜鹃花丛相映成趣，形成"柳暗花明"的转折路景。入秋槭树的红叶又和周围的无患子、榉树、麻栎、朴树、香樟、桂花等不同的叶色对比构成丰富的秋色（图7-1-1）。

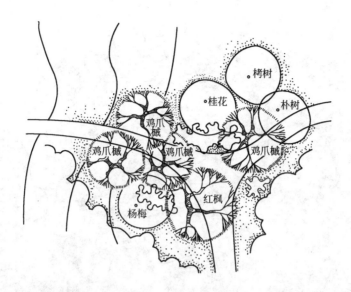

图 7-1-1　杭州植物园"槭树杜鹃园"主路平面图

第二节　径路的植物配置

园路景观的形成既要选择丰富多彩的植物亦需结合高低曲折多变的地形，特别需要利用原有的老树、旧林，进行调整补充、移植，产生不同情趣的路景。

一、"野趣之路"

柳浪闻莺大草坪中段枫杨林，原为旧有杂木林，建园时进行删剔、调整、移栽、加工填坡，形成一个高大、郁密的"大林"，石板小路由林中穿过，散置路旁块石成"石桌"、"石凳"状，极富山林野趣。

布置自然野趣景观：宜选树姿自然，体形高大的树种，布置要自然，树种不宜过多；要有自然点景，如散置路旁的块石，简朴茅亭，周围环境宜幽静。

二、山道

黄龙洞进门山道宽 3m，两则不等距种植马尾松、青刚、香樟等，树高 20 多 m，树冠覆盖路面，树高与路宽比为 7:1，路旁茂林修竹，山坡灌木丛生，竹林溪水潺潺，环境清幽。缓坡 10°~20°，徐徐而上，利用方向的转换，增加上、下层相互透视的景深。由于路面树冠郁闭，树身苍老、自然、高耸，两侧环境宜人，虽为人工，却饶有山林野趣（图 7-2-1）。

西泠印社上山甬道，长 50 多 m，宽仅 2m，穿行于 20 多 m 高的马尾松林间，高与狭之比为 10:1。山高仅 14m，山坡陡峭，由于松树挺直高大，排齐种植，道狭而坡陡，增加了山林的高耸感。两旁林下种满杜鹃，更增添了山林的景色，大有高山密林之趣。

"山道"即具有山林野趣之道，无论自然山水之山道或人工园林之园路，要使其具有山林之野趣，造园手法上应注意以下几条：

1. 路旁植高树，路宽与树高比在 1:6~1:10 之间，树种选用高大挺拔之大乔木，树下自然种植低矮耐阴地被及小灌木，造成高狭对比之"山林"感觉。

2. 浓荫覆盖路面，有一定郁闭度，使光线略暗，产生"如入山林"之感，周围树木应有一定的厚度，使游人有"林中穿路"之感。

第七章 园路与景观植物配置

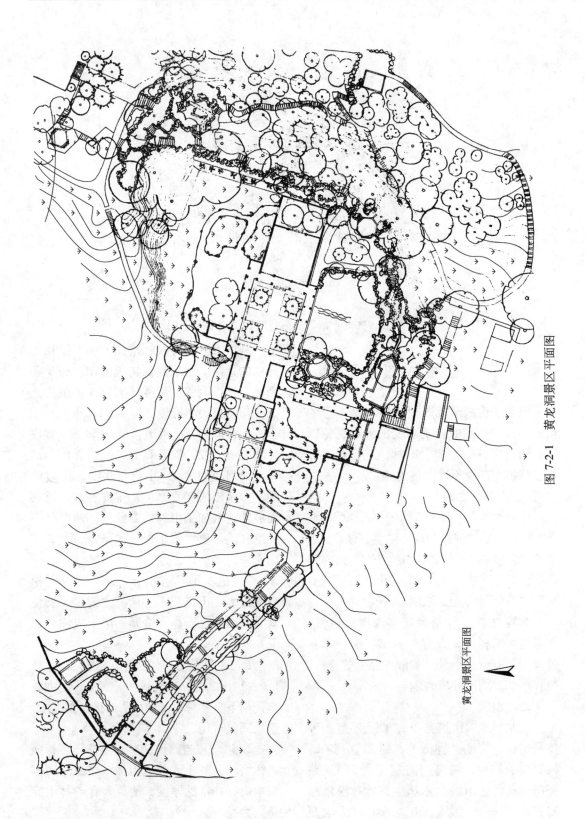

图 7-2-1 黄龙洞景区平面图

黄龙洞景区平面图

3. 道路需有一定的坡度起伏，坡越陡则"山"的感觉越强，如坡度不大之园地，可进行艺术处理：降低路面，坡上种高树，特别多种松、柏、杉、云杉、冷杉之类，也能达到理想山林之趣，如植物园分类区为此佳例。

4. 道路要有一定的长度和弯曲度，易显得深远幽邃。

5. 园路开辟尽量结合自然地形、山谷、溪流、岩畔、石隙。石上爬藤、挂葛，石缝种蕨生苔，细泉潺流，清幽绝尘。

三、竹径

竹类植物为古今人类欣爱之物，特别是东方人对竹类情有独钟，因其有特殊的形态和人文内涵，任何室内外环境种竹都能收到良好的景观效果。我国长江流域以南，竹类植物种类繁多，杭州地区适合露地栽植的不下100多种，竹有丛生和散生两大类：散生竹，性较耐寒，如毛竹、刚竹、苦竹、淡竹、紫竹等，种植范围可推移至黄河流域；丛生竹不耐寒，适合长江流域以南，如常用的孝顺竹、凤尾竹，在植物配置中，作点景用。路缘、草坪、宅旁、溪边多宜用丛生竹，皆因其形态秀美，穴植丛生，生长范围不会无限扩大。大片"林植"以散生竹为宜，可疏可密、阴凉通透。如要造成清静郁闭的空间氛围，取其宁静、清幽，全用竹类配置即可。卵石铺地，石块筑路，置石桌、石凳于竹林深处，与人相约，埋头深读，都会使人顿生清幽的情怀。成都望江公园全用各种丛生竹创造园林空间，可谓竹子造景之佳例。

所谓"曲径通幽"皆因竹之形质"幽"而得，几丛小竹，几片竹林，小路穿行期间，排去市井纷扰，即可通达幽境。杭州园林中，竹径之运用，佳例甚多，三潭印月之"曲径通幽"以散生小苦竹密植于宽1.5m，长50多m的圆弧形小路，两侧竹高2.5m，郁闭茂密，人行期间，倍感清幽（图7-2-2）。

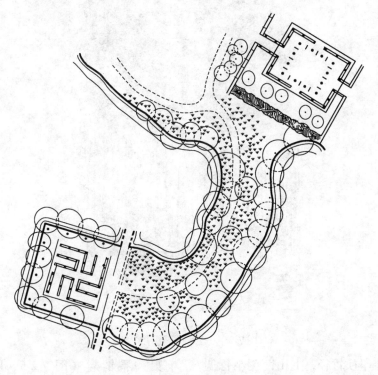

图7-2-2　三潭印月"曲径通幽"平面图

云栖竹径长800余m，宽3余m，曲折穿行于浓密的高20余m的毛竹林中，借地形起伏，溪涧涓流，亭榭古树的布置，形成了"夹经箫箫竹万枝，云深幽壑媚幽姿"的景观，游人在翠竹摇空、绿荫满地的竹林中漫步，"万竿绿竹影参天"的深邃、优美、雅静的感受顿然而生（图7-2-3、图7-2-4）。

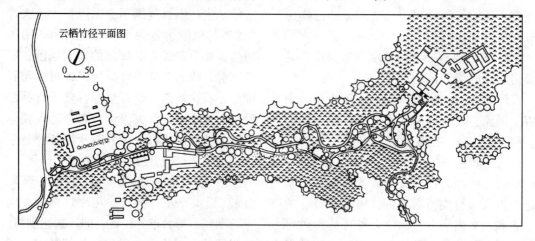

图7-2-3　云栖竹径平面图

图7-2-4　云栖竹径的碑亭

至于西泠印社竹径，上山两侧小竹低垂，石级盘旋而上，大乔木影空覆盖，更有另一番情趣（图7-2-5、图7-2-6、图7-2-7）。

杭州植物园竹区竹径，更是多种多样，与山林池沼、地形高低巧妙结合，形成有的郁闭、有的开展、形式多样、情趣各异的竹径空间。

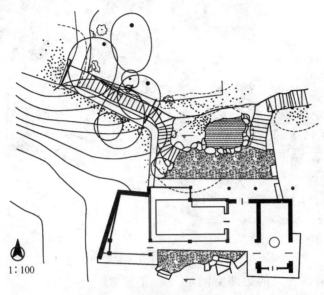

图7-2-5　西泠印社竹径平面图

图7-2-6　西泠印社竹径透视图

由于竹子细密，竹影婆娑轻盈，路径两侧竹林只要有一定的厚度（3～5m以上）就能使人有清幽的感觉。在冗长、单调的路径中，游人易造成视觉上的"疲劳"，在规划设计时，充分利用自然山形、地貌、大溪、小涧的变化，分散地设置少量朴素的亭、榭、水池、山石，以加强竹径的幽静气氛，满足游人游憩的需要。

四、花径及其他小径

花径在园林绿地中是具有特殊情趣的

图 7-2-7　西泠印社竹径侧断面图

空间，它的特点是在一定的道路空间里，全部以花的姿态、色彩、香味组成一种具有浓郁花海世界的气氛，使人陶醉，给人以自然美的艺术享受，特别在盛花期，这种感受更为强烈。

要形成花径空间感觉：

选择树种宜花色鲜明，开花丰满，花形美丽，开花期长或有香气，种植株距宜小，列植或列植与丛植相结合，最好造成"穿越花丛"和"花气袭人"的感觉。

为了延长"花径"观赏期可采用几种花木同时成片的混栽，如山玉兰、白玉兰（二月下旬开始开花）、樱花（花期短，只有 10 天左右，三月上旬开花）、海棠（三月中、下旬开花）等。缺点是如配置不当易造成杂乱，形成主调不强烈的散漫感觉。成功的实例也较多。如：杭州花圃的玉兰花径，花港观鱼公园、太子湾公园，杭州植物园的樱花径，中山公园的腊梅花径，杭州植物园的桃花林，以枫香、竹林为背景，桃花开放时，烂漫芳菲，妖艳媚人，行人穿行小径时，如入武陵源中。桂花林中桂花花形与花色虽不明媚，但香气袭人，穿越桂花林或在林下路缘坐息，给人陶醉的感觉。

小径：即"羊肠小道"，宽约 1m 左右，长短不一，所处环境，功能不同，形式也自由多变，在林中开辟小径，高树浓荫或两旁"绿屏"紧接，形成比较封闭的空间，使人感到山林意趣（杭州植物园百草园、山茶园）；山道石级穿云而过；或洞壑穿过，径旁枯藤老树，野花山草；或在池畔曲折蜿蜒，没入水波，汀石而上；或在绿色草坪上铺石板，穿过形成似隔非隔装饰美的草坪空间。

另一种设计施工比较精巧的小径，路面多数有花纹，两旁用名贵的山石和花木，经过精巧的构思、施工，制作出一幅幅生动鲜活、立体的花卉山水画面，人在小径漫步，细观每个局部方位都能看到完整的立体画面。这在花港观鱼牡丹园随处可见，这种近观的步移、景移、画移的处理手法在苏州园林中也随处可见，这是中国画艺术在传统园林中的生动再现。

小径的景观处理，从繁到简，从粗犷到精巧，从山林野趣到人工装饰，应有尽有。设计者可别出心裁地利用极普通的一草一木构筑饶有风趣的各种景观，施工者更能独具匠心，创造出精美、生动之立体画面（图7-2-8）。

图7-2-8　植物园竹径之一

第三节　路旁局部及路口的植物配置

路缘是园路范围的标志，它的植物配置和周围的环境有密切的关系，直接影响到道路的空间感觉。

采用低矮植物可以扩大空间感觉，采用高过视平线以上的植物配置则能遮挡视线，加强道路封闭、冗长的感觉。如果路缘植物的株距自由不等，则形成自然的空间感觉，一般情况下起分割、封闭空间、装饰美化路面景观的作用。如：

（1）某大学以水杉、雪松、香樟、桂花、紫藤、芭蕉、黄杨球、书带草等大小乔灌木，组成路缘周边多层次绿带，构成路面美丽空间。

（2）曲院风荷主路边的常绿树丛，由浙江楠、竹柏、桂花、桃叶珊瑚、八角金盘、十大功劳组成，虽然全部为常绿阔叶树，但叶形变化很大，值得细看。它封闭、遮挡了园外不协调建筑，又组成了优美的园路空间。

（3）圣塘公园路缘以密实厚重的广玉兰、桂花、茶花、八角金盘等组成了与园外马路分割动静态空间的隔离带。

（4）武林广场路边以雪松、白玉兰、栾树、紫叶李、桂花、海桐球、矮绿篱组成了"绿屏"装饰路景。

园路、路口，特别是三叉路口的植物配置，要求集中、鲜明、简洁、高大、有障景、借景、对景、引景等多种功能，所以对配置树丛植物的形体、色彩、数量要求较高。如：

（1）花港观鱼入口，以大片背景树雪松、红枫、鸡爪槭、杜鹃和假山结合成景，红枫等色叶树与大片背景树构成大尺度的"绿色屏风"。

（2）柳浪闻莺三叉路口，在一片高约20m深绿色的雪松群前，配植一丛（20多株）金黄色连翘（高约2m），色彩对照强烈，起了装饰、导游与标志性的作用。

（3）涌金公园桥头入口三叉路口，以建筑为背景，配置体形优美的乔木、山石及换季花卉，组成了多层次色彩绚丽、耐看的多元化观赏花木组群，为柳浪闻莺进入涌金公园转换空间的标志与导游点。

第八章 建筑景观与植物配置

第一节 植物配置对于建筑环境的作用

一、突出建筑及建筑小环境的主题

古典名著《红楼梦》对大观园园林的描写有很多就是建筑小环境与植物配置的关系,"潇湘馆"是以竹为配置的主要材料,从建筑艺术、植物配置、盈联、扁额都体现了"门外萧萧竹满林,袈裟不受一尘侵,半帘明月三秋影,万籁清风太古音……窗前亦有千竿竹,不留香痕渍也无"的诗情画意,皆因竹的形、质、性情及文化传承,人文美学有力地烘托了主题。

杭州西湖柳浪闻莺景区碑亭周围,种植了大量柳树,突出柳浪,又建筑了"闻莺馆",建筑与植物相得益彰,使主题更为突出。杭州孤山"放鹤亭"周围种植常绿的基调树种如香樟等外,大量种植各种观赏梅为主题的植物,突出了"梅妻鹤子"主景,所以"孤山观梅"历来为西湖一景。"灵峰探梅"为1986年后新建的赏梅胜地,植梅4000余株计46个品种,灵峰寺茶室,掬月亭周围都有大量红梅,与白墙、黑瓦、深色背景树互相衬托,分外雅丽,特别是品梅馆,梅花、山石、园林建筑互为背景,主题突出,构成了完整的赏梅园林景观。西泠印社配植松、竹、梅,突出文人书画之"雅"。

许多寺庙的大殿前都规则对称地种植柏树、油松、香樟、白皮松、罗汉松、黑松等,营造庄严肃穆的气势。杭州"灵隐寺"内种植高大美丽长寿的沙罗子(即七叶树)、公孙树(即银杏),能很好烘托寺庙的宗教气氛,且有一定的实用价值。在观音堂内,则种植竹类居多,配植一两株梅花及南天竺,加强幽静的环境氛围,突出"清修"意趣。

杭州"岳坟"墓园内只种两排高大的桧柏和一株几百年树龄的丹枫(即枫香),"精忠报国"影壁植一片红杜鹃,这种借植物烘托人们对"忠魂"的悲壮、景仰与哀思的手法,是植物形体、色彩所产生的视觉效果与人们人文观念惯常的心理感觉相吻合的结果。又如南京"中山陵"以高大挺拔、端庄的雪松、桧柏、龙柏、圆柏配植于建筑、墓道侧旁,加上地形的居高临下,把陵园"伟大、庄严"的主题思想渲染得非常突出。这种纪念性建筑、陵园,从古老的"孔庙、孔林"到近代的烈士陵园、纪念碑,在景观塑造时可选用的树种有一个基本的格调,即要求树形高大、挺拔、规整、寿命长、色彩常绿、深沉稳重,如桧柏、龙柏、圆柏、刺柏、柏木、雪松、黑松、白皮松、油松、罗汉松、冷杉等。

"柳浪闻莺"的"日中不再战纪念碑"小草坪,周围种植了20多株樱花,在楠木、黑松、桂花、广玉兰,背景树衬托下显得特别明艳,日本的国花为樱花,这个草坪的主题也就烘托出来了。

二、协调建筑与周围的环境,丰富建筑的艺术构图

从视觉感受上看建筑属"刚性",线条多为直线,形体为几何结构,且固定不变,而植物的线条、形体多为不规则的曲线属"柔性",色彩与形态四季变幻。

呆板、刚直的线条和几何形体的建筑物，和不规则曲折的柔性植物线条，在穿插、搭配、叠加中会形成对比与调和的优美结构关系。所谓刚柔相济，阴阳相切，是天地万物生息的基础，也是视觉美的一个尺度。中国古典园林总是把建筑和山水植物互相融洽，互为因借，组成完美的画面，甚至连建筑的局部构件都会和植物交融一起，组成奇特而生动的立体构图，如景门、景窗的植物配置。有时庭院中的粉墙，恰好成为山石、植物配置的"底"，构成丰富多彩、充满生机的立体艺术品——一幅幅天然图画。

中国哲学、美学的基础是"天人合一"，在开发利用自然以尊重、顺应自然为主，古代的"风水学"实际上是人与自然协调的朴素的环境生态学。所以中国民居、村镇、寺庙、古典建筑、园林、交通等从形式到功能都与周围环境很协调，充分利用地形、地貌及植物营造了许多美丽实用的环境艺术品，真是神州无处不画图。从江南水乡、浙西与湘西的山村民居，苏州、扬州、无锡的古典园林，以及杭州的西湖，无不把建筑融于自然山水之中，尤其是西湖风景中各类建筑物，利用植物材料经过科学的因地、因时、因景的艺术配置，使建筑艺术与秀丽的湖光山色、人文景观完全融洽，构成了绚丽多彩、格调高雅、自然美与人工美完美结合的风景园林景观。如杭州的"平湖秋月、西泠印社、西湖天下景、放鹤亭、郭庄、刘庄、蒋庄、烟霞三洞、龙井、望湖楼、镜湖厅、花港观鱼"等。

20世纪50~60年代及90年代初，我国建筑及美学界掀起了一股不顾民族、地域特点的贪大求洋、求平的单一化风气，致使一些风景旅游区、文化名城、古镇村落在规划建设时走了些弯路，产生了一些不必要的损失，主要是一些单体建筑在设计时缺少总体的环境艺术设计，只重视突出单体建筑，很少考虑到建筑、建筑群组外部空间艺术及园林和城市整体景观艺术的全面营造，一些建筑与环境不协调，如高大、方正的"西泠宾馆"，无论从体量、造型、色彩都无法与西湖协调，犹如在美女脸上贴了块膏药。而左下方的"杭州饭店"，保留原"凤凰寺"门口的4株古香樟和种植数株高大的广玉兰、雪松及香樟则协调了建筑与西湖的秀美环境，把庞大的建筑融入湖山景色之中，全无喧宾夺主之感，是一个比较成功的范例。

20世纪90年代中期以后，我国城市建设进入了一个新的高潮。随着环境科学与环境艺术的发展，新兴城市建设（包括旧城改造）更加重视城市景观的营造。在高楼林立的大城市中再造一个源于自然而高于自然的人工生态环境系统，给人们提供一个优美、舒适、安全的生活、交流、工作游憩的空间。这种人工的空间艺术，主要通过建筑、山、水、植物等要素，按照一定的形式美原则，进行协调统一来完成的，近年来在沪杭地区取得了不少成果。

上海人民广场的植物配置，很好地成为建筑环境的衬托，厚重、墨绿的广玉兰和香樟等成为高层建筑底脚，宽阔的草坪，形体、色彩丰富的树丛，都成了建筑周围的一部分。那树身挺秀，花叶明快的栾树成为具有现代风格展览馆的衬托物，丰富了建筑的艺术构图和色彩。

杭州中、东河沿河绿地为两边的高层建筑立面构成丰富的光影、色彩、形体、线条结构的大舞台，令人百看不厌。如果没有这些水光、树影、线条、色彩、形体、季相的时空变幻，这些呆板的钢筋水泥群将是缺少生命的，而植物随季节而变、随年龄而异的生命活动，赋予位置、形态固定不变的建筑实体生动活泼、变化多样的季候感。

第八章 建筑景观与植物配置

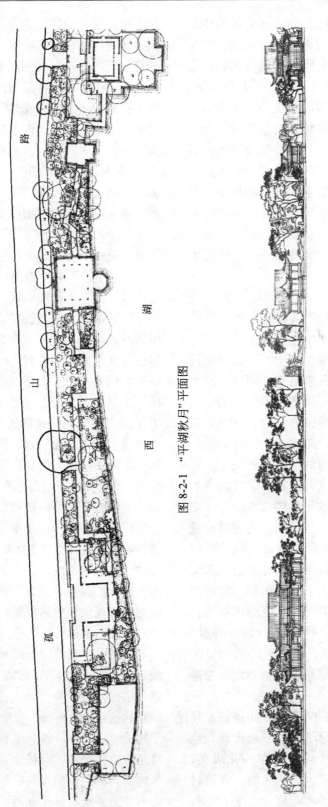

图 8-2-1 "平湖秋月"平面图

图 8-2-2 "平湖秋月"立面图

第二节 建筑与植物配置的一些实例分析

平湖秋月：

用地狭长，平均宽度约为长度的1/10，宽20m以下占用地一半，窄处仅13m，由于园林设计及植物配置恰当，空间感觉不狭隘。建筑用地占总面积23%，呈不均等分布，有的整段空间为建筑布满，有的为浓荫覆盖，有的为平桥架于水面，有的紧临湖面视野开阔。植物空间与水面空间、建筑空间交替更换，园路采用直线与折线相结合，转折处配置花木湖石。全园乔灌木300多株，40多个品种，配置形式自由无一定法。孤植、丛植相间，以常绿树广玉兰、香樟、女贞、桂花、水腊、黄馨、柞树、杜鹃及色叶树银杏、枫杨及鸡爪槭、红枫、无患子等为主，加强了秋意。观花植物如海棠、石榴、紫薇等采用丛植，加强了花期观赏效果。整个植物景观高低错落、疏密相间、层次丰富、色彩季相分明，特别是高大浓荫厚重的常绿大乔木，把整个景区的建筑时隐时现地融于湖光山色之中（图8-2-1、图8-2-2）。

第三节 城市生态建筑与垂直绿化

垂直绿化是攀援植物利用一切可攀附的建筑物体面，向高空立体生长直至铺满这些体面，形成一个立体的空间绿面。可降低建筑物玄光、反射光，吸收城市中多余的热能废气，降低气温，调节湿度，从而抑制由于城市建筑物、人口过于集中而引起的"热岛效应"。绿色多彩的攀援植物能柔化建筑物生硬的线条，丰富建筑物的色彩、美化、衬托建筑群体，故垂直绿化是造就现代生态、花园城市的有力措施之一。同时垂直绿化也是现代园林绿地小品造型的一部分。它具有投资小、占地省、收效快，且"价廉物美"的特点。

随着现代城市的发展，人口的高度集中，各种工商业、交通运输业和城市建设高速发展，给城市生态环境带来严重破坏和负效应。空气差、噪声大、尘埃多，特别是夏天由于路面、墙、屋顶等建筑物环境的热辐射，使城市平均气温要比郊区高出2~5℃。当城市气温达27℃时，草坪表面22~24℃比柏油路路面低8~20℃，树冠能挡去50%~90%的太阳辐射热，树荫下与阳光直射下的辐射温度差达30~40℃，经过垂直绿化的墙面为18~27℃，比没有绿化的墙面低5.6~14℃。因此没有遮盖的路面、场地，没有绿化的墙面、屋顶为城市高温的"热源"，它们的表面温度常在40~50℃之间，加上三废和家电热能、汽车废气的排放，这一切都成为炎夏季节城市高温的恶源，形成了城市建筑密集地区的"热岛效应"和"火炉"。解决这一矛盾的惟一途径即优化城市规划，加强城市绿化，城市的土地资源是有限的，可供绿化的墙面、屋顶却是无限的，一幢居民楼至少有两面山墙可利用，加上部分屋顶，一般城市有1/4~1/3左右的墙体屋顶可利用，这将大大增加城市的主体绿化面积。合理进行城市规划充分利用一切空隙地面、墙体、屋顶形成平面、立体的全方位的大小乔木、灌木、地被、草坪、垂直绿化合理搭配的人工城市生态，最大限度发挥绿色群体调节气温、净化空气的能力。同时垂直绿化、屋顶花园也是美化建筑群体和城市立面构图的有效方法之一。

第四节 篱植与建筑小环境

篱植在西方古典规则式园林中应用广泛，从划分空间到组织图案，无不以篱植、整形植物为主要手段。而我国在古典园林中却很少运用，但在现代城市绿地及各种建筑小环境中应用较多，日本在植篱的运用、研究上堪称领先。我国20世纪90年代后有新的发展，今后在城市景观建设，特别在建筑环境的设计、建设中会得到更广泛的运用。现分述如下：

一、绿篱的功能

围护土地、防止风沙入侵、屏障视线、遮蔽强光、调节气温、降低风速、减少噪声、防火、防烟尘、净化空气、防风固沙、减少地震灾害。增加绿色景观、衬托美化建筑、遮蔽建筑基础。形成社区庭园的边界、划分园林空间，亦可作借、衬景和其他园林要素如建筑小品、组织迷宫、假山及主要植物景观的背景以及交通要道间的安全、绿化作用（车道与人行道之间），或作绿色树体、块、面造型搭配。所以适当的篱植、整形树体，在园林绿地建筑小环境组景中，都能起到很好的美化或遮丑作用。

二、绿篱的分类

以栽植地分有外篱和内篱，栽植于庭园中分隔庭园、绿地空间，界定花坛、花景，通常用中绿篱和矮绿篱。确定绿地边界的常用高绿篱，有时则用高绿篱营造迷宫，在规则式及地毯式园林中则常用修剪整齐的中、矮绿篱组织图案。在现代绿地、广场、步行街、宅旁、单位小型带状绿地中则大量运用绿篱、篱植的形式，丰富营造城市景观，满足多种现代居民的功能需求。

所谓外篱多数指"不确定地上的标准"绿篱，如栅绿篱种植屋外、墙外、石围墙顶上矮篱和广场、道路边的箱植绿篱。

以绿篱的高矮分有高绿篱 2m 以上，标准绿篱高度为 1.5~2m，中绿篱在标准绿篱与矮绿篱之间，常栽植于庭园内或庭园绿地的四周。矮绿篱高度在 40cm 以下，主要用于花坛、花境镶边及围墙顶上，篱植多数利用枝叶修剪、整形、造型，可以叫叶篱，也有花篱和果篱。此外，还有一种刺篱能起到保卫作用，如火棘、菠萝花、鸟不宿、罗木、柞木等。

三、绿篱植物的选择和利用

绿篱植物由于造型需要宜选用长势强健、萌发力强、生长速度慢、叶子细小、常绿、枝叶稠密、底部与内侧枝条不易凋落，对病虫害、火灾、煤烟、风雪等有抗性，能抵御城市空气污染等树种。

适合做矮篱的植物宜选生长很慢的种类，如雀舌黄杨、瓜子黄杨、水蜡、金叶女贞、波缘冬青、火棘、真柏、花柏、匍地柏、孔雀柏、银边黄杨、红花檵木、红叶小檗、夏鹃、印度杜鹃、茶梅、光叶石楠、六月雪、寒竹、北美香柏、珍珠绣线菊等。

适合做标准绿篱、中绿篱的树种，如龙柏、桧柏、罗汉松、大叶黄杨、夹竹桃、青冈、鸟岗栎、齿叶木犀、红叶光叶石楠、杨梅、日本花柏、细叶冬青、日本珊瑚、栲、细叶青栎、桂花、山茶、石楠、锦绣杜鹃、月桂、大花六道木、胡颓子、伞形紫杉、日本吊钟花、罗木、攀援月季花篱、木香花篱、西番莲花篱、野木瓜、女竹、美丽胡枝子、北美香柏、金叶日本扁柏、珍珠绣线菊、金叶女贞、珊瑚树等。在广州、深圳一带常用南方文竹，效果很不错。

高绿篱在今后的城市建筑，高级住宅道路、广场将会应用较多，适合的树种如细叶青栎、龙柏、珊瑚树、日本石柯、丝裂栲、青冈、细叶冬青、杨梅、罗汉松、杜英、木荷、罗木、苦槠、甜槠、米槠等。

第九章　带状绿地的植物景观配置

凡城市绿化以带状形式布置者均谓带状绿地。主要有道路（街道）绿化，滨水游憩林荫路、步行街，各种类型防护林带，公路、铁路、高速干道的绿化等，它们就像纽带一样把市区内外公共绿地组织在一起，形成一个完整的绿地系统网。

第一节　道路（街道）绿化

一、道路绿化的作用

1. 卫生防护

调节街道气温，减少有害气体、噪声、恶臭、振动，减少街道尘埃、细菌等。

2. 美化市容

美化街景，烘托城市建筑艺术，如能和其他街旁绿地相配合，统一规划，可组成形形色色的美丽街景。

3. 组织交通

保证行车安全，解决行车矛盾、提高运行效能。

4. 结合生产

很多树种有一定的经济价值，既绿化了街道又增加了收入，如银杏、七叶树等。

二、道路绿化的内容和规划

道路绿化是指在红线范围以内的绿化，如绿化分隔带、交通岛及附设在红线内的游憩林荫路和街旁绿地、滨河路等。在车行道与人行道之间建立较宽的种植带加以分隔，以利环境保护和确保人身安全。在商业文化集中繁华街道处，建立的步行区、步行街进行良好绿化，为行人提供安全、舒适的游憩活动场所，在居住区的道路绿化因功能需要，宜采用游憩林阴路的布置方式。

三、道路绿化断面布置形式

我国现有道路路基采用一块、两块、三块居多，相应的道路绿化断面也出现了一板两带、两板三带、三板四带等几个形式，新建道路多数采用四板五带式。利用三条分隔带将车道分成四条，有利于提高行驶效能和布置路景设施，各种形式可根据具体情况而定（图9-1-1、图9-1-2、图9-1-3）。

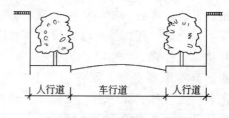

图9-1-1　一板两带式

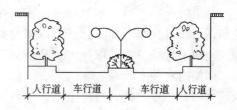

图9-1-2　两板三带式

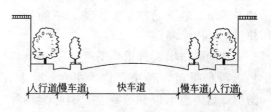

图9-1-3　三板四带式

四、道路绿化各组成部分的种植设计

（一）行道树

行道树是以规则的形式种植在车行道两侧的人行道上用以遮阴的大乔木。其种植方式及树种选择，是因地、因气候、因街道、城市性质而异。南京因夏季气候燥热，常选用遮阴好、生长快、耐修剪的悬铃木为主要行道树树种，夏天浓荫覆盖了整个路面，工作、游憩、购物、倍觉凉爽。杭州西湖边的悬铃木行道树，利于游人遮阴，除观湖功能外，更是山下湖边的一条瑰丽色带，为湖边景观的一部分。

杭州行道树的选择进入20世纪80年代品类较多，以原来落叶乔木为多，改种常绿香樟、杜英为多，以保持冬季街景不凋。另外有的地段选深山含笑、木荷等，居住区行道树更是选广玉兰种植，其他落叶乔木有沙朴、悬铃木、无患子、马褂木、臭椿、银杏、喜树、加杨、枫香等。一般情况下，行道树宜选择适应城市的各种生长环境，抗性强、耐瘠薄、抗病虫、成活率高、苗木来源容易、耐修剪、生长快、寿命长、无臭味、无飞絮、飞粉等，北方高寒地带，因冬季阳光少，行道树不宜用常绿树。

行道树种植方式：因地而异，在人流量多，人行道狭窄的地方，基本以树池和铺装地面下种植。为了保持水土和清洁卫生，树池内常种书带草、三叶草、芝草等或铺鹅卵石。较宽的人行道上以带状种植形式，即在人行道和车行道之间留一条不加铺装的种植带，种植范围内土壤略加高20～30cm，在人行横道或人流集中的公共建筑前可以中断。

有的城市把人行道一分为二（图9-1-4），种植带可以种植草皮、花卉、灌木、防护绿篱，也可以种植观花、观叶大小乔木，与行道树共同形成林荫小径，行距不能小于5m（图9-1-5）。种植带的宽度因地而异，我国最低限度为1.5m，种一行乔木遮阴外，两株之间种绿篱，2.5m宽的种植带可种一行乔木，靠车行道一侧种一行绿篱以防护，5m宽的种植带可以交替种两行乔木，或一行乔木，两行绿篱的防护，中间空地种开花灌木或草皮，从对乔木的生长，艺术效果及防护作用，远较树池为好。有的人行道为了满足顾客、居民步行、购物、休息、布置多种形式的花坛，种植花灌木，以供观赏和美化街景。

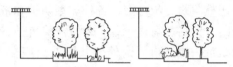

图9-1-4　在人行道布置两条种植带

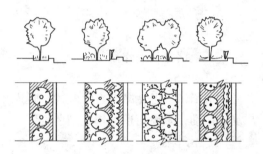

图9-1-5　种植带栽植示意图

（二）交通岛、分隔带及街旁绿地设计

交叉口绿地是由道路转角处的行道树、交通岛及一些装饰性绿地组成。交叉口中心的交通岛面积较大，但主要组织环形交通，不能布置成小游园式的吸引游人止步观赏的华丽花坛，多数以嵌花草皮花坛，或常绿灌木组成图案简洁明快的花坛，中间种较高的形体美丽的乔灌木，如雪松、苏铁或置以园雕等。至于居住区内道路以步行为主，交叉口上的中心岛，可以布置成小游园形式，配置花坛、水池、喷泉、小品等，花坛及道路边缘可以布置乔灌木、绿篱和座椅等，以供居民坐息，也可自然布置，种植不同风格的观赏树丛、花卉、草坪或水体山石构景，显得自然而生动。

分隔带的设置是将人流与车流分开，机动车与非机动车分开，以提高车速，确保安全。分隔带的宽度因车道性质和街道总宽度而定，可达5~20m，一般也要4~5m，最窄不宜低于1.5m。植物配置形式可多种多样，从最简单的铺草皮、种植矮绿篱或整形灌木，直至乔灌木、地被、花卉组成多层或复式绿带，或用色叶灌木，换季花卉拼成色块图案与乔灌木搭配，组成复色绿带，也可以自然式树丛种植绿化，形成分隔带，真可谓应有尽有。杭州环城北路为一较好的实例。

街旁绿地是指临街建筑和道路红线之间的绿化地带，起到保护环境卫生，创造居民安静优美生活环境的作用，又是街景艺术构图中的组成部分。同时它和宅旁绿地、道路绿带有连带关系，绿地设置该是敞开的，使行人走在街上犹如走在公园中一样。街旁绿地布置形式亦可多种多样，但必须和整个街道气氛一致，和街坊及宅旁绿地互相联系，组成统一的街景艺术。

第二节 游憩林荫路、散步道、步行街

一、游憩林荫路

涵义和布置：在建筑密集，缺少绿地的情况下，可以起到小游园的作用，能弥补绿地分布不均匀的缺陷，丰富城市建筑艺术和组成城市绿地系统，这也是其他道路绿化无法与之相比的。

游憩林荫路、散步道在国外比较重视，它是城市建筑环境景观中重要组成部分，特别如前苏联有的城市林荫路面积尚在20hm²以上。根据它在街道平面布置的形式，一般有三种情况（图9-2）。

（1）将游憩林荫路布置在道路中央纵轴线上，能有效组织交通，方便居民使用。

（2）将游憩林荫路布置在便于居民和行人使用的一侧，但缺乏对称。

（3）将游憩林荫路布置在街道两侧，

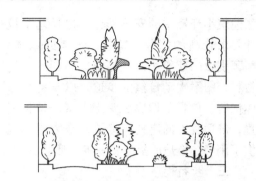

图9-2 游憩林荫路横断面示意图

有利于防止车道废气、噪声、烟尘、振动等公害，也为居民休息、散步、健身提供了活动场所。

简单的游憩林荫路，一般宽8m左右，中间设一条3m左右的供散步的游步道，道旁置座椅等，两边留2.5m的种植带，可种一行乔木，一行灌木；较复杂的复式游憩林荫路宽20m以上，通常设二条游步道、三条绿带，中间一条绿带设置可精细些：有花坛、花境、灌木、乔木、绿篱，游步道设置在中间绿篱带的两侧，并沿步道外侧设置座椅。

复式游憩林荫路两侧的绿带，主要功能是和车行道隔离，并把林荫路围合使之安静、卫生。除种植绿篱外，再种两行乔木或乔灌木、绿篱分层混种。

有的城市用地较宽松，游憩林荫路宽在40m以上，可组成游园式林荫路，布置形式可规则式，亦可自然式，艺术要求较高，可布置花坛、花境、喷泉、雕塑，还有亭、廊、花架、小品等小型服务性建筑。游步道一般有两条以上。

二、散步道（或称休闲绿地）

为城市公共绿地主要组成部分，它和游憩林荫路、滨水绿地街旁绿地等都有连带关系，与居民关系最为密切，主要是满足居民工作之余休息的室外环境、缓冲一天工作压力，同时和家人、邻居、亲友交谈、漫步、观景、坐息的公共绿地，为市

区建筑小环境中的安静部分，也是艺术设计要求较高的部分。精致、多样的水体，新颖别致的建筑小品、雕塑、高档的铺地材料，图案生动自然的步道，以及各种形体优美、色彩季相层次变化丰富的植物配置，舒适宜人的座椅、桌凳，都为居民提供了闲静、舒适的坐息和漫步小环境。

三、步行街

随着工业的发展、城市的扩大、人口和机动车辆的激增，特别是市中心人口云集、交通阻塞，直接影响人身安全和市民的工作、生活。一些西方先进国家，首先把原城市繁华街区规划改造成禁止一般常用的机动车辆通行，甚至包括自行车，使之成为适合人们安全行走、休息活动、观光与购物的舒适环境，俗称步行街。

如按人们休息活动的舒适环境感和人文景观的优美亲切感而论，我国旧时水乡古镇都可列入这种步行街范围，它的街道只有3~5m，狭窄的石板也不容机动车辆通行。新兴大中城市的步行街还只是近几年才有，虽不完善却前景无限。

步行街布置形式有两种：

1. 过渡型

它允许车辆在特定的时间从街区通过，另外时间只能是行人通过，或某些必须通过的车辆通过。它和普通街道差不多，但增加了绿地比例和休息设施，为行人居民创造一个良好的安全休息环境。

2. 完全型步行街

不准车辆通行，街道上没有车行道，只有游步道和人行道，展览设施、广告展示，供观赏装饰街景的小品，如雕塑、搁置山石、水池、喷泉，供人们休息的廊架、座椅、座凳，结合坐息的蔽荫树池、花坛以及儿童活动场地和其他服务设施。它和林荫大道及游憩林荫路不同之处，在于前者在多数情况下是幽静的人工、自然游憩环境，而后者却是行人顾客云集，喧喧嚷嚷，高楼林立，广告霓虹闪烁，处处灯红酒绿。商业街所用铺地材料也极高档精致，铺饰图案也与现代商业街街景相协调，就连植物配置也都经过精心的规划设计。达到了集建筑艺术、环境装饰、植物配置与各种人文景观和商业经营于一体的现代文明大都市的街道景观。

第三节 环城道路绿带植物配置实例分析

杭州环城北路为四板五带式，中间一条分隔带宽10m左右，植物配置分段，以常绿乔木（如雪松）、落叶观花小乔木（樱花），常绿观叶、观花灌木（如红花檵木、龟甲冬青、金边黄杨、冬青、金叶女贞、夏鹃、银边黄杨、金丝桃）及色块形式布置的换季花境与花坛，组成绚丽多彩、连续变换景观的带状绿化带。两侧的分隔带宽2~4m，植物配置以常绿乔木香樟、桂花为基调，以杜鹃、金叶女贞、红花檵木组成色块及种植单株紫薇组成三个层次的复式绿带，把机动快车道和非机动车道隔开，既保证行车安全，又构成了优美的道路景观。尤其是该道路的北侧与运河岸边林荫绿地相邻互相因借，组成了层次丰富的环城道路带状绿地（图9-3）。

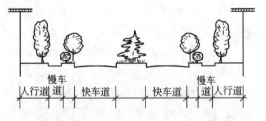

图9-3 四板五带式（杭州环城北路）

环城道路，相对车流量多、行人少，建筑用地较为宽裕，规划成四板五带式或三板四带式，均可因地制宜，所选树种可适当考虑以美观为主，如行道树选银杏，它美丽、干净、寿命长，但生长缓慢、蔽阴效果差。

杭州环城北路实际上为原老城区外围，它与新区、风景旅游区都有一定关系，也是一条交通主干道，且濒连大运河，所以在道路景观设计上有较高的审美要求。

第四节 江、河、湖、海、沿岸带状绿地——滨水游憩林荫路的植物配置

城市内外各种露天水体如江、河、湖、海，都以不同的形式特点给人以水体特有美的享受并调节城市小气候。把这些水体组织到城市绿地系统中开辟为特殊的绿化部分，点缀各种园林小品，形成最佳的滨水游憩林荫路（图9-4）。

滨水林荫路，在设计时要考虑水体、绿地、街道，做到内外通透、互相因借，形成一个完美的城市滨水带状绿地。如采用自然式布局，宜多用姿态优美的树丛、树群，结合花灌木分层种植，利用高低起伏，前后错落，留出一定的间隙，前后左右，互相因借，组成不同的风景画面，特别是水体风景画面效果。

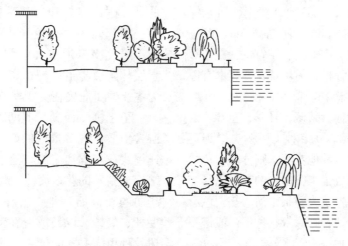

图9-4 滨水游憩林荫路横断面示意图

滨水林荫路植物配置时，临水一侧留一条不小于5m宽的散步道，以便行人使用。散步道靠岸一侧不宜种过高、过密乔木，但可列植黄馨、蔷薇或其他低矮、悬挂、偃卧的花灌木，既不影响观赏水景视线，又能使水景岸边增色不少。散步道内侧种植体形优美，季相色彩丰富的乔木、灌木，种植形式可自由，尽量结合街道建筑，形成生动、活泼、优美的滨水建筑环境景观。

滨水林荫路的驳岸，一般多用石材或水泥做成，顶部砌岸上墙（宽阔河面常用岸墙）或做栏杆围起，高宜80~100cm。在游船码头处常有坡道或多层石阶直通水面，在石阶通道进出口处设置塑像、园灯、小品饰物等，配合恰当的树群、树丛、花卉花坛，可组成特有的水景。

在台地或斜坡地段修建滨水林荫路时，把车行道和游憩林荫路，分设在不同等高线上，游憩林荫路临水而建，两层之间用绿化斜坡分开。垂直联系通过坡道石阶贯通，结合平台布置座椅、凉亭、花架、雕塑、灯柱或小瀑布或连续立体花坛、栏杆等与植物配置结合在一起，可形成变化丰富、有艺术特色的为附近居民提供悠闲的休憩环境。

滨水游憩林荫路设置形式，常依水体边的地形变化而异，如高低起伏则依地形

自然式布置，如堤岸弯曲形成半岛，则完全可以用小游园式的布置方式，结合滨水游憩林荫路和小品、雕塑、园林建筑等构成完整的滨水带状绿地系统。

第五节　滨水带状绿地实例分析

滨河绿带配置方式常依地形、位置、水面、宽度、深度而异，以杭州几处滨水带状绿地实例分析有一定的实际意义。

中河位于杭州城区中部，全长9km多，河面宽15m左右，条石规则驳岸，河东绿地全封闭，平均宽8m，河西宽3m。以香樟、紫楠、桂花、广玉兰、夹竹桃、雪松等常绿树为基调树种植，另用观花乔灌木有白玉兰、紫玉兰、梅花、樱花、桃花、海棠、石榴、茶花、木槿、紫薇、月季、迎春、云南黄馨、杜鹃等约60多种。桃柳夹岸为两岸基调配置方式，其他花灌木则分段、片状单品种丛植，造成了丰富多彩的春季色彩变化；夏季则以夹竹桃为整条中河的基调色彩配置，桥头、绿地和路缘带状种植；值得一提的是秋色叶树种银杏、水杉、无患子分三段单一种植，与两边的高层建筑、高架桥、河上的古桥形成了强烈的对比与协调关系，色彩艳丽、阵形壮观，使建筑、水景、植物产生了动态美与静态美，现代与古典得到了完好的统一。

东河全长4.13km，河面较宽处约30m左右，水体也较深，河岸倾斜地形也比较复杂，部分狭窄处用条石规则驳岸，多数开阔处则用毛石作自然式驳岸（1986年开工，1988年竣工）整个面积10.28km^2，种植乔灌木4.30万株，地被植物5.78万kg，铺设草坪4.02万m^2，选用树木品种60余种，整个绿地采用全封闭至半封闭式。根据立地环境，主要街道与桥头交叉处配置小游园和景点。布置自然式园路、地坪、花坛、平台、亭、榭、廊架及雕塑等，植物配置比较自由，群植、丛植、列植、密林、疏林、草坪结合，多数地段大量种植比较单纯粗犷、有气派的大乔木，而一些小游园景点植物配置则比较细致。

在河面较窄处，两岸列植单一的伞状树冠合欢，封闭了河面，形成了特有的阴凉水景空间。在较开阔的地段两岸大小乔木分层次沿坡地高低搭配，形成两岸高大的绿面，丰富了城市建筑群的轮廓色彩，滨水林荫游步道和散步道也是根据地形分层安排，下层沿水边游走，局部布置临水的亭、榭、廊架和座椅、植物配置以柳、桃、枫、槭为主，色彩丰富，树冠通透，便于居民坐息散步和观赏两岸城市景观。上层林荫散步道以配植高大郁闭的大乔木为主，便于居民在炎夏季节散步纳凉。

至于杭州西湖、滨湖带状绿地，则是游人集散，观赏景色的好地方。以规则的连续式花坛隔离了行车道、人行道与沿湖绿地，精致的花坛设计，瑰丽的花卉种植，华丽的花岗石铺地，古朴的青石板园路、栏杆、灯柱，以及散置在铺地上的名木古树及种植大乔木的精巧树池，构成了规则、自然、色彩丰富，通透明快的人工与天然巧妙结合的湖滨带状绿地。

第六节　公路、铁路、高速干道、高架桥、立交桥的植物配置

一、公路绿化

公路绿化其目的在于美化、防风、防尘、防雪、防沙，并满足行人的蔽阴要求。公路绿化最好与农田防护、护渠、护堤及郊区卫生防护林相结合，做到一林多用，公路行道树种的选择应因地制宜，尽量选用适合当地生长的乡土树种为主，树形需优美、高耸且无病虫害、适应性强、耐粗放管理，北

方以白杨、槐树、刺槐、馒头柳、榆等为主，江浙一带树种较丰富，常绿树如香樟、女贞、川含笑，落叶树如枫杨、水杉、桤木、沙朴、马褂木、喜树、楮、悬铃木、椿、榆等，种植方式常因路基宽度、地形和立地环境的不同而变化（图9-6-1）。

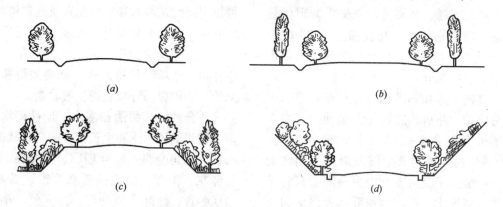

图9-6-1　公路绿化断面形式示意图
(a) 路基宽9m以下公路绿化示意图；(b) 路基宽9m以上公路绿化示意图；
(c) 路堤绿化断面示意图；(d) 路堑绿化断面示意图

为便于行车在公路交叉处，距离桥梁、涵洞等建筑物地段留有足够的视距，在下坡转弯地带，外侧种大乔木，可使司机有安全感，并能诱导视觉；内侧种低矮型的灌木，有利司机看清来车情况与路况；在长距离的公路上，同一树种种植长度不宜过长，以免引起司机视觉疲劳，可在树种形体、色彩的搭配及高矮疏密上有所变化，或在一定的距离内分段搭配种植观花、色叶大乔木，如高干山玉兰（白玉兰）、紫玉兰、合欢、高干紫薇、枫香、无患子、乌桕、千年桐、金钱松等。

二、铁路绿化

铁路绿化功能和公路一样，但两侧乔木离外轨不少于10m，灌木离轨不得小于6m，种植形式一般里灌外乔，在可眺望远山、水景名胜古迹及其他自然景色的地段，应敞开不种树木，以免阻挡视线，但可种植花卉，草皮及低矮灌木等，绿化断面形式（图9-6-2）。

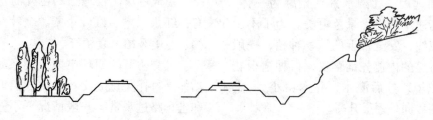

图9-6-2　铁路绿化断面示意图

在铁路与公路平交道口附近，视距三角内不得种树，铁路转弯地点、曲线内侧有碍车行地段不得种乔木，但可种不碍视线的灌木，线路一侧信号机地点前1200m距离内也不得种乔木，铁路通过市区时两旁应留足够空地（30m），种植安全防护林带。同时在树丛色彩、形体配置上应有所增色。

铁路站台绿化应以实用为主，在不阻碍交通、运输、人流疏散的情况下，可布置花坛、水池和蔽阴树之类，以供旅客途中休息。

三、高速干道绿化

高速干道、高架桥、立交桥为现代最先进城市交通体系，在我国进入20世纪90年代才开始发展，但已成为现代大都市景观的重要部分。

高速干道在郊区地段包括车行道、中央分隔带，路肩、边坡和安全地带。中央分隔带宽度为5～20m（杭州地区2m左右），植物配置与其他城市道路不同之处是，一般为了交通安全中央分隔带只种草皮或低矮灌木，严禁种植乔木，以免树干映入司机眼帘，弄得头昏目眩。同时也避免落叶满地造成滑车事故。而杭州地区高速干道中央分隔带种植整形的桧柏、龙柏之类形成高1～2m左右的绿篱。

两侧安全地带一般宽20～30m，以种植草皮和灌木为主，由于考虑到沿线的景色变化对驾驶员的心理影响，避免疲劳和疏忽造成事故。所以在修建高速公路时要尽可能保护原有自然景观及树木，在安全带外侧要适当点缀风景树群、树丛和片植宿根花卉，在不同地段安全带内侧、中间由低到高地布置花坛、花境和观花、色叶灌木、小乔木组成的树丛。如能和沿途浮现的绵绵远山、壮阔水景互相融为一体，就能使高速干道沿途景色更美。为了不影响车行视线，安全带上的植物种植，一般靠近车行道的内侧先铺草皮，再种宿根花卉或设花境，然后灌木、乔木由小到大，由低到高，向外逐层升高。

四、高架桥和立交桥的植物配置

高速干道一般在城市的外围，通过市区时即建成了向空中延伸的高架桥，也是市区道路的上层部分，它和街道两侧的带状绿地及两边的建筑群组成了城市宏伟的景观。

高架桥和立交桥下部由于阳光不足和雨露不到，给植物生长带来不利因素，加上车行视线的要求，不能种植一般喜光或中性的乔灌木，只能根据具体立地环境，种植耐阴的花灌木和宿根花卉及地被植物。在叶形叶色的变化对比、植株的高矮处理方面，充分发挥少量花色的观赏效果，采用片植、花坛等种植方式，把高架桥和立交桥下的阴影部分装点得生气勃勃。

适合种植的耐阴花灌木、地被植物很多，杭州地区运用和生长良好的有：杜鹃、海桐、八角金盘、桃叶珊瑚、常春藤、蔓长春花、构骨、银边扶芳藤、银边黄杨、浙江冬青、阔叶十大功劳、南天竺、小叶十大功劳。宿根花卉地被植物如：吉祥草、禾叶麦冬、大胡风草、蝴碟花、玉簪花、日本鸢尾、石菖蒲、橐吾等。

立交桥为现代城市主体交通的枢纽，也是现代桥梁建筑艺术的佳构，那流美、蜿蜒的曲线，上下穿插的形体，犹如蟠龙入云，彩虹横跨，那桥下回环空地正好给环境艺术设计者留下巧妙的联想。把色叶灌木红、绿、黄对比强烈的天然色彩，组成生生不息的乾坤吉祥图案，把立交桥的形象，衬托得非常完美。简洁明快的色彩平面处理，既饱含传统文化意蕴又具有现代感。

组成色块比较理想的色叶灌木常见的有：红花檵木、红叶小檗、金叶女贞、龙柏、北美香柏、真柏等。

立交桥下的回环空地或交通岛，主要功能是衬托美化立交桥并供人们近距观赏和坐车路过观赏，一般情况下不做小游园布置，只要求所种耐阴植物生长繁茂而已。除上述色块图案布置外，形式可以多种多样，如钱江三桥以不同叶形的棕榈科植物为主，高低错落，疏密有致地丛植、孤植于缓坡草坪上，再点上几块巨石，同时片植一些耐荫的花灌木及地被植物，营造成具有亚热带自然气息的草坪景观。

第十章 广场景观与城市步行区的植物配置艺术

第一节 城市历史文明与广场、街市

广场和街市是城市文明的重要象征，也是古代城市最重要的空间，在城市环境中占有重要的地位，并发挥其积极职能作用，是当时政治、经济、文化和市民活动的中心，为市民提供集会、游行、娱乐、游憩、商品交流的综合空间。古时的城市活动基本上是步行区，这些活动区通常与自然和传统人文环境很和谐，传统的城市生活通常都有民俗和宗教的节日气氛。《清明上河图》描绘宋京汴梁，"车水马龙"似的市民生活的生动景象场面，自然、人工、和谐的城市景观。《姑苏繁华图》是反映苏州历史上繁华和优良生态环境的景观艺术作品。雨果小说《巴黎圣母院》改编的电影，充分展示了古代欧洲的广场街市，政治、经济、人文及市民活动的生动景观。欧洲古代城市的建筑、规模、形象、性质也是围绕广场而发展，最后形成了广场空间和城市中心。

进入工业文明时代的现代城市，由于人口膨胀，交通工具的机械化发展大大地改变了城市面貌，密集的汽车洪流、高速公路、宏伟的高架立交桥，由于规划、技术、工艺水平的提高及绿化装饰的有机配合都成为现代大都市瑰丽的城市景观。但一个城市最具魅力的仍属于那些"黏滞性"空间——各种公园、风景区、广场和步行街。正如，杭州西湖风景区周围的天然和谐的自然与人工的景观一样，上海的黄浦江畔、南京路步行街和人民广场（旧称大世界），北京的天安门广场、王府井大街、颐和园及平安大道等都是极具风貌的步行区。

由于现代化高速公路城市干道体系分流了大多数的机动交通工具，传统的步行区重新获得了展示自我风貌的空间。一些历史名城，各种类型的广场和步行街、缓冲区无处不在，为丰富多姿的城市空间，增添了许多传奇的色彩成为机械化喧嚣城市富有人情味的避风港。

第二节 城市步行区（街市）植物景观的艺术特点

城市步行区（街市）绿化设计不管新建城市还是旧城改造都要求本着因地因时制宜，既要实用又要为街景增色。在夏季气候炎热的城市，应适当多配置些形态优美的蔽阴树，为行人提供遮阴避暑的坐息小空间，配上精巧的花坛、树池、座椅、小型水池及雕塑小品、广告廊架和精致的彩色地砖、石材，甚至于木地板铺设的图案地面。它们和街道两侧流光溢彩，形形色色的建筑艺术、橱窗之光影构成了综合完美的引人逗留的街景。

景观树种的选择和保留很有讲究，街上的名木古树和古旧建筑、古碑、石刻，代表了城市历史与文明。有时、苍劲、古拙的古树干，虽然和现代工艺、新型材料和新建的新型建筑有点不协调，但它们仍能满足后工业时代人们追忆古代文明的多元性，缓慢、悠闲的生活节奏和艺术品的精致绚丽，同时享有工业文明带来的富裕、高效率和舒适的心态，这些历经沧桑的古文化经过装饰、保护，都成了亮丽的街景。

江浙地区的银杏、香樟、榉、榆、朴、楮、桂花、女贞、枫杨、无患子、水杉；北方的古槐、白皮松、柳、油松、桧柏；南方的古榕、凤凰木都是绝好的街景植物。水杉可密植，占地很少，只要配置得当，水杉以其高耸、挺秀的形体，鲜艳明快的色彩，无病虫害、无飞絮、飞粉的清洁特性，在新建步行街时，可多加运用。

城市的文明是由历史恒定的步行区域来体现的，面对工业时代的21世纪，环艺工作者提出了许多新思路。一种把古典与现代，继承与创新，自然与人工，自由与唯美，生态优先，兼收并蓄综合组构的后现代主义文化心理和一切以人为本的社会思潮的目标与方法，已成为现代城市环境艺术建设的普遍追求。

第三节　现代城市广场景观设计和艺术特点

城市广场通常由建筑物、雕塑、纪念碑、草坪、树木，甚至山峦、河流、湖泊及绚丽多姿的天空等组成，而地面起着连接分割建筑群和显示建筑群之间的空间，地面本身的形态宽阔、高差变化也是界定空间的重要手段。建筑立面为广场的"墙"，它的"开敞"与"封闭"，地面的形态尺度都会给人带来一定的心理感受。特定的建筑物、雕塑、纪念碑对广场性质、人文有重大影响，并为广场的布置形式提供依据。特定的树种、形体、色彩、人文精神更为广场增色，如北京天安门广场及故宫内的庭院空间，以苍翠的油松和柏树为植物配置的主景。山东孔庙前后则更以单一的千年古柏作为建筑群间植物景观主调。

现代城市广场景观设计，吸收了古今中外园林绿地建筑小环境之设计精华，做到古为今用、洋为中用、精心设计、精心施工，为城市景观增添了瑰丽花朵。特别是广场的空间划分、新理念、新材料、新工艺的运用，如精致常绿的草坪、花坛、花境，特色的硬地铺装，各种新颖水体形式的设置，经过地形处理的台阶、坡道和产生的高差，大面积草坪的自然与规则式结合，草坪植物配置、整形树丛，色叶灌木群、篱植、立体色块、图案的运用，特别是大量色彩艳丽、丰富、生长整齐矮化的转基因换季花卉的运用，都将成为广场绿地色彩构成的主要因素。带有装饰性且有实用意义的变形、抽象雕塑小品、构件，在新形式、新材料、新工艺的制作与设计等诸多方面，都吸收、运用了国内外的很多成功的经验，这些都综合构成了许多形式新颖、开敞、舒适、色彩明快、绚丽多姿、富有文化内涵且有人情味的都市广场新空间。为城市景观环境的建设，增加了丰富的文化并与自然互相渗透，形成了历史遗迹与现代建筑环境并存的后现代文化社会景观。

第四节　广场蔽阴树的设置与景效

所谓蔽阴树系指空旷的广场，夏日炎炎无以遮挡，须设置以蔽阴为主要功能的大小乔木，以利人们在树荫下坐息、活动。除上述功能外，所选树种、配置方式都必须能控制广场的立面景效，与周围的建筑群及广场小品、雕塑、装饰件互为因借，互相衬托，构成丰富多彩的城市风景画。树种的选择应以大乔木、常绿树为主，能作为广场立面的主景树或主景树群，再适当配置一些色叶树种及观花乔灌木，以发挥广场植物空间的色彩季相变化。为了弥补某些季节植物空间平面、立面色彩变化的不足，可在树下、林缘大片或带状种植多年生草花或换季花卉花坛、花境，以增加色彩层次。

广场的铺装地是市民活动坐息的好去处，也是蔽阴树设置的主要场所，保留和移植名木古树、大乔木都能起到广场主景和蔽阴效果。如不具备上述条件，可规则或自然地种植简洁、单一树种的蔽阴树群，配以灯光，形成灯光树阵，以利晚上市民坐息饮茶。所选树种宜树冠优美、浑圆、开展、色彩美丽、枝叶扶疏的乔木，如无患子、马褂木、银杏、合欢、沙朴等。

为保护蔽阴树生长发育和市民的坐息，铺装地上的蔽阴乔木，都应设置精制的树池、座椅、围栏。

铺装地面积较小，冬季又需阳光的应选落叶乔木作蔽阴树。而面积开阔、周围建筑群密集，则应选树冠厚重的常绿大乔木，如香樟、广玉兰等以保证冬季广场建筑小环境不会太萧条。

第五节　广场封闭性绿带的植物配置

为了使广场形成比较安静且富自然气息的植物空间，广场的周围或局部可以布置一定厚度、密度、高度的封闭性带状绿地，要求高、中、低多层次，色彩季相变化丰富的大小乔灌木、花灌木全方位配置，形成大气派的垂直绿面。如杭州原少年宫广场北侧，配置枫杨、香樟、高干白玉兰、紫玉兰、夹竹桃、海棠、绣球、茶花等，也可由水杉、落羽松、家杨、栾树等快速生长之高乔木搭配中低层次乔灌木组成封闭绿带。

第十一章 室内庭院的植物配置

室内庭院植物指多数耐阴、耐湿的和耐室内不新鲜空气，并能在室内较长时间生长的一些观叶植物。而开花的花灌木多数不属此类，由于室内布置需要短期摆设的盆栽花灌木，它们在室内时间，一般只1~2星期，即需换移至室外养护。

室内观叶植物，大多植株不高，常绿、外形很美或较奇特，可在室内较长时间养护观赏，南方植物宜室内种植、观赏和应用：

常绿观叶乔木类（如，椰子类、南洋杉、橡胶树、加利拉海枣等）。

常绿观叶灌木类（如，棕竹、八角金盘、桃叶珊瑚、金银木、散尾葵、蒲葵、花叶榕、变叶木、苏铁、紫金牛、硃砂根、南天竺、龟背竹等）。

多年生草本类（如，蜘蛛抱蛋、大叶麦冬、石菖蒲、秋海棠类、竹芋、海芋、蜂斗菜、玉簪、虎耳草、万年青等）。

蕨类植物（如，肾蕨、贯众、石苇、东方荚果蕨、瓦蕨、凤尾蕨、耳蕨、紫箕等）。

垂挂藤本植物（如，长春藤、络石藤、吊兰、木通、西蕃莲、枸子、蔓长春花、文竹等）。

室内庭院多数指中庭、门厅及不透空小天井，没有直射阳光，仅能透过窗户散射光，植物多数为盆栽，按自然方式摆设，如按叶形变化对比高低错落组成自然式室内树丛，如较高的棕竹、南洋杉、八角金盘、大型掌状叶蒲葵与小叶的杜鹃、蔓长春花搭配，特大团扇形龟背竹与长线形叶的蜘蛛抱蛋、大叶麦冬与肾蕨搭配。矮墙隔断及博古架上的垂挂植物常以不同叶形，叶色之常春藤、络石、枸子、木通、西蕃莲之间搭配。

室内假山壁泉、叠水等处，更适耐阴、耐湿的蕨类植物随意种植，如肾蕨、紫箕、耳蕨、贯众、东方荚果蕨、凤尾草、石苇等，并配以垂挂常春藤、络石，再按构图需要搭配盆栽杜鹃等，可以营造饶有野趣的室内景观。

后　　记

　　本书本着集思广益的原则，考虑到教育上的系统性，基础知识和理论部分的章节和文字，主要参摘于同济大学等合编的《城市园林绿地规划》高教试用教材（如第一章、第三章、第九章等）。

　　为了使学生在景观设计时能掌握较多的实践知识和技能。本教材着重于实例分析、研究和景观素材的收集。以国家城建总局科研成果《杭州园林植物配置》专辑为本教材的基本雏形，该书由杭州园林管理局负责，由朱钧珍、胡绪渭、姚毓璆、胡子刚、苏雪痕等撰写，王立永、黄梅珊、钟永芳、胡义春、陈少亭参加。加上近年来本人在杭州、上海、宁波、南京等长江三角洲地区拍摄到的六七百张照片为基础编写成册。

　　本书图片以杭州地区为主，它有一定的科学性、实用性和画面的艺术性，故具有一定的观赏性和设计绘图参考的实用价值。

　　感谢在编写中得到环艺系曹印生等教授的指导与支持和浙江大学王胜林教授的审阅。感谢翁丽倩高级工程师为本书的文字校对工作付出的辛勤劳动，还要感谢支持和帮助过我的朋友们，为我编写工作提供了很多方便。

　　编写匆促、抛砖引玉，仅供商榷和进一步提高。惟收集图片资料时，长年累月奔波，游赏于绿野道旁、溪山寒林、花间石下，以有感之情，掇取自然之美，陶冶心情，以博同道一乐也。

参 考 文 献

1. 杭州市园林文物局. 朱钧珍等编著. 杭州园林植物配置. 北京：城市建设杂志社，1981
2. 同济大学等合编. 城市园林绿地规划. 北京：中国建筑工业出版社，1983
3. 朱钧珍著. 中国园林植物景观艺术. 北京：中国建筑工业出版社，2002
4. 相关芳郎、铃木治编摄，翁殊斐，陈锡沐译审. 庭园绿篱与地被. 贵阳：百通集团，贵州科技出版社
5. 张吉祥编著. 园林植物种植设计. 北京：中国建筑工业出版社，2001
6. 大桥治三著，王铁林，张文静译. 日本庭园. 郑州：河南科技出版社，2000
7. 毛小雨编著. 城市景观艺术——园林绿地. 南昌：江西美术出版社，2000
8. 刘文军，韩寂. 建筑小环境设计. 上海：同济大学出版社，1999
9. 章俊华. 日本景观设计师——野俊明. 北京：中国建筑工业出版社，2002
10. 杭州市园林文物局. 杭州市城市绿化志. 北京：中国科技出版社，1997
11. 余树勋. 园林美与园林艺术. 北京：中国科技出版社，1987
12. 林茨. 城市景观艺术. 南昌：江西美术出版社，2000
13. 刘少宗. 中国优秀园林设计集. 天津：天津大学出版社，1994
14. 苏雪痕. 植物造景. 北京：中国林业出版社，1994
15. 谢双城，洪亮. 历代咏竹诗选. 上海：百家出版社，2001

第二章彩图1：由鸡爪槭潇洒的树形为线条构成和红艳叶色为色彩构成，提供绝妙的季相景观（之一）

第二章彩图2：鸡爪槭树丛艳丽的秋色季相（之二）

第二章彩图3：由二乔和白玉兰组成的主景树丛，构成了淡雅的早春季相

第二章彩图4：景观设计主要通过植物本身的形体、色彩、线条结构的配置变化，造成一定形式及时空变幻的艺术空间，那穿插有序、疏密有致的线条变化，浓浓淡淡的色彩层次，迷濛、萧疏、湿润的地域风貌，都展示了江南残冬春临的自然景象

第二章彩图5：由樱花、雪松、水杉、垂柳、枫杨等横直高低错落的线条，色彩淡雅的点面，秀逸的形体结构，加上远山平林的衬托、应借，形成了西湖特有的幽淡、明静、清新，充满诗情画意的早春景观

第二章彩图6：盛开的二乔（淡紫红色）、刚发芽的牡丹（红黄绿色），深绿色的龙柏球，聚散有致的书带草、黄杨、红枫等，组成了活泼、多变、绚丽多姿的艺术空间

第三章彩图1：水边的石景和野花——石蒜

第三章彩图2：秀美的羽毛枫

第三章彩图3：疏林下的地被植物——吉祥草

第三章彩图4：由梅花、二乔、白玉兰、广玉兰、海棠、喷雪花、紫薇、桂花、月季、腊梅等花灌木组成的四季花坛，成为草坪空间的主景

第三章彩图5：疏林草地——香樟和树下的常春藤地被

第三章彩图6：林下的地被植物——二月兰(诸葛菜)和棣棠

第三章彩图7：亮丽的花灌木及草花，在常绿树背景的衬托下会更加艳丽动人，这是郁金香，风信子花带

第三章彩图8：由羽毛枫、红枫、五针松、书带草、匍地柏、小草坪等，构成色彩、形体对比强烈的植物空间

第三章彩图9：花坛植物色彩艳丽、种类繁多，这是由银叶菊、一串红、三色堇等组成的花丛式花坛

第四章彩图1：杭州柳浪闻莺大草坪一端的枫杨密林

第四章彩图2：草坪边的花境

第四章彩图3：草坪上粗犷的剑麻及无患子树丛，别具意趣

第四章彩图4：以秋色叶树林为背景，草坪上的主景树——大桂花球

第四章彩图5：草坪上的色彩——多年生宿根植物石蒜

第四章彩图6：草坪色彩与季相——环状色带和红枫

第四章彩图7：由二乔、白玉兰、紫玉兰、红叶李等明丽的色相群，落叶乔木的黄绿色嫩叶，深绿色的背景树，灰蓝色的山体，及尚未转青的草坪，一起组成了雅丽的仲春景象。并与近处的郁金香花带，共同构成了烂熳、妖娆，令人陶醉的草坪空间

第四章彩图8：柳浪闻莺大草坪的主景树群——湖边的大片杨柳

第四章彩图9：由银杏、樱花、紫荆、腊梅、桂花、剑麻、香泡、黄杨球等组成完整的建筑小环境草坪空间

第五章彩图1：杭州一公园河边林下的彩色地被

第五章彩图2：水杉密林深处的自然式小溪

第五章彩图3：水池边横斜于水面的梅花和水杉树影

第五章彩图4：花港公园红鱼池边的海棠、垂柳、芒草、鸢尾等，在雪松、广玉兰映衬下，构成了明丽、宁静的水景空间

第五章彩图5："众芳摇落独暄妍，占尽风情向小院，疏影横斜水清浅，暗香浮动月黄昏"。水池、小院、梅花、倒影，是林和靖诗意的绝好写照

第五章彩图6：小南湖边的蒋庄庭院一瞥

第七章彩图1：樱花花径

第七章彩图2：灵隐风景区主干道"九里云松"非对称列植的松树和秋色叶树构成的路景

第七章彩图3：园路边的花境以深色竹林和桂花为背景，互相衬托分外明快和艳丽

第七章彩图4：西湖边小路旁，列植的枫香，构成了湖边艳丽秋色

第七章彩图5：西泠印社上山甬道，由长松、香樟、杜鹃构成了山道景观

第七章彩图6：三叉路口的花境由花灌木、整形常树、花卉、湖石及小品建筑为背景，组成完整的屏障、导引和景区过渡路景

第八章彩图1：栾树、月季、杜鹃和草坪为轻盈建筑物起到了协调和陪衬作用

第八章彩图2：高树、深池、白墙、黑瓦构筑了完美的建筑小环境

第八章彩图3：别墅建筑周围的秋色叶树种——无患子与枫香

第九章彩图1：中东河带状绿地夏季季相——夹竹桃盛花期和银杏

第九章彩图2：中东河带状绿地秋色季相——银杏之黄叶

第九章彩图3：立交桥下回环绿地由金叶女贞、红花檵木、翠柏组成的"八卦"象形图案

第九章彩图4：杭州环北立交桥下带状绿地四板五带式的中央绿带，由乔木雪松、香樟、樱花和色叶灌木色块图案组成

第九章彩图5：环城北路带状绿地四板五带式的隔离绿带——夏鹃、金叶女贞和桂花

第九章彩图6：杭州环城北路车道中央绿带由换季草花组成的图案色块

第十章彩图1：广场的草坪、硬地及树丛

第十章彩图2：公园入口广场、雕塑、音乐喷雾水池及基座花坛

第十章彩图3：广场上的草坪、整形植篱和树丛——上海人民广场